上海市工程建设规范

外墙内保温系统应用技术标准
（纸面石膏板复合聚苯板）

Technical standard for application of external wall internal insulation system (polystyrene board-gypsum plasterboard composite panel)

DG/TJ 08—2390—2022
J 16141—2022

主编单位：同济大学建筑设计研究院（集团）有限公司
　　　　　圣戈班高科技材料（上海）有限公司
批准部门：上海市住房和城乡建设管理委员会
施行日期：2022年6月1日

同济大学出版社

2022　上海

图书在版编目(CIP)数据

外墙内保温系统应用技术标准：纸面石膏板复合聚苯板 / 同济大学建筑设计研究院(集团)有限公司，圣戈班高科技材料(上海)有限公司主编. —上海：同济大学出版社，2022.8
 ISBN 978-7-5765-0313-5

Ⅰ.①外… Ⅱ.①同… ②圣… Ⅲ.①建筑物-外墙-保温板-技术标准-上海 Ⅳ.①TU55-65

中国版本图书馆 CIP 数据核字(2022)第 141076 号

外墙内保温系统应用技术标准(纸面石膏板复合聚苯板)

同济大学建筑设计研究院(集团)有限公司
圣戈班高科技材料(上海)有限公司 主编

责任编辑	朱 勇	
责任校对	徐春莲	
封面设计	陈益平	
出版发行	同济大学出版社　　www.tongjipress.com.cn	
	(地址：上海市四平路 1239 号　邮编：200092　电话：021-65985622)	
经　　销	全国各地新华书店	
印　　刷	浦江求真印务有限公司	
开　　本	889mm×1194mm　1/32	
印　　张	2.5	
字　　数	67 000	
版　　次	2022 年 8 月第 1 版	
印　　次	2022 年 8 月第 1 次印刷	
书　　号	ISBN 978-7-5765-0313-5	
定　　价	25.00 元	

本书若有印装质量问题，请向本社发行部调换　　版权所有　侵权必究

上海市住房和城乡建设管理委员会文件

沪建标定〔2022〕11号

上海市住房和城乡建设管理委员会
关于批准《外墙内保温系统应用技术标准
（纸面石膏板复合聚苯板）》为上海市
工程建设规范的通知

各有关单位：

　　由同济大学建筑设计研究院（集团）有限公司和圣戈班高科技材料（上海）有限公司主编的《外墙内保温系统应用技术标准（纸面石膏板复合聚苯板）》，经我委审核，现批准为上海市工程建设规范，统一编号为 DG/TJ 08—2390—2022，自 2022 年 6 月 1 日起实施。

　　本标准由上海市住房和城乡建设管理委员会负责管理，同济大学建筑设计研究院（集团）有限公司负责解释。

上海市住房和城乡建设管理委员会
二〇二二年一月五日

前言

根据上海市住房和城乡建设管理委员会《关于印发〈2020年上海市工程建设规范编制计划(第二批)〉的通知》(沪建标定〔2020〕574号)的要求,本标准由同济大学建筑设计研究院(集团)有限公司、圣戈班高科技材料(上海)有限公司会同相关单位编制而成。

编制组经施工现场、生产厂家、已建工程等广泛调查研究,认真总结实践经验,参考国内外相关标准,并在广泛征求各方意见的基础上,形成本标准。

本标准主要内容有:总则;术语;基本规定;系统及系统组成材料;设计;施工;质量验收等。

各单位及相关人员在执行本标准的过程中,如有意见和建议,请反馈至上海市住房和城乡建设管理委员会(地址:上海市大沽路100号;邮编:200003;E-mail:shjsbzgl@163.com),同济大学建筑设计研究院(集团)有限公司(地址:上海市四平路1230号;邮编:200092),上海市建筑建材业市场管理总站(地址:上海市小木桥路683号;邮编:200032;E-mail:shgcbz@163.com),以供今后修订时参考。

主 编 单 位:同济大学建筑设计研究院(集团)有限公司
圣戈班高科技材料(上海)有限公司
参 编 单 位:同济大学
上海建科检验有限公司
上海众材工程检测有限公司
上海圣奎塑业有限公司
海门市博盛保温材料有限公司

广州孚达保温隔热材料有限公司
上海漕源建材贸易有限公司

主要起草人： 车学娅　柳建峰　吴申嵘　张永明　岳志铁
　　　　　　　岳　鹏　徐　颖　于　龙　曹毅然　徐雯娴
　　　　　　　刘丙强　张　虹　熊少波　刘玉林　苏莹莹
　　　　　　　徐　瑶　梅文琦　陈　瑜　黄　维　王亚军
　　　　　　　许峰伟

主要审查人： 王培铭　沈孝庭　赵立群　张继红　潘嘉凝
　　　　　　　李珊珊　朱　刚　毕麟波　陈　锋

上海市建筑建材业市场管理总站

目　次

1 总　则 ……………………………………………………………… 1
2 术　语 ……………………………………………………………… 2
3 基本规定 …………………………………………………………… 4
4 系统及系统组成材料 ……………………………………………… 5
　4.1 一般规定 …………………………………………………… 5
　4.2 系统及系统组成材料的性能 ……………………………… 5
　4.3 系统组成材料包装、运输、装卸和贮存 ………………… 14
5 设　计 …………………………………………………………… 16
　5.1 一般规定 …………………………………………………… 16
　5.2 构造设计 …………………………………………………… 16
　5.3 热工设计 …………………………………………………… 19
6 施　工 …………………………………………………………… 23
　6.1 一般规定 …………………………………………………… 23
　6.2 施工要点 …………………………………………………… 24
　6.3 施工安全 …………………………………………………… 28
7 质量验收 ………………………………………………………… 30
　7.1 一般规定 …………………………………………………… 30
　7.2 主控项目 …………………………………………………… 31
　7.3 一般项目 …………………………………………………… 33
附录 A　复合板内保温系统的保温层选用厚度 ………………… 35
附录 B　复验、试样与试验方法、型式检验 …………………… 42
本标准用词说明 …………………………………………………… 44
引用标准名录 ……………………………………………………… 45
条文说明 …………………………………………………………… 47

— 1 —

Contents

1 General provisions ································· 1
2 Terms ··· 2
3 Basic requirements ······································ 4
4 System and components ································ 5
   4.1 General requirements ································ 5
   4.2 System requirements and components requirements ······ 5
   4.3 Requirements of component material package, transportation, loading and storage ······················ 14
5 Design ·· 16
   5.1 General requirements ································ 16
   5.2 Design of configuration ······························ 16
   5.3 Thermal design ······································· 19
6 Construction ··· 23
   6.1 General requirements ································ 23
   6.2 Process and key point of construction ················ 24
   6.3 Safety of construction ································ 28
7 Quality acceptance ······································· 30
   7.1 General requirements ································ 30
   7.2 Primary items ··· 31
   7.3 General items ··· 33
Appendix A Thermal performance of internal insulation composite panel system ······················ 35
Appendix B Reinspection, sample and test method ········· 42
Explanation of wording in this standards ····················· 44
List of quoted standards ··· 45
Explanation of provisions ··· 47

1 总 则

1.0.1 为规范纸面石膏板复合聚苯板外墙内保温系统的应用,保证工程质量,做到技术先进、安全可靠、经济合理,制定本标准。

1.0.2 本标准适用于钢筋混凝土、普通混凝土小型空心砌块、混凝土多孔砖、混凝土空心砖和蒸压加气混凝土等为基层墙体的新建、扩建、改建民用建筑和既有建筑节能改造的外墙内保温工程的设计、施工和质量验收。

1.0.3 纸面石膏板复合聚苯板外墙内保温系统的设计、施工和质量验收,除应符合本标准的规定外,尚应符合国家、行业和本市现行有关标准的规定。

2 术　语

2.0.1 纸面石膏板复合聚苯板外墙内保温系统　external wall internal insulation system based on polystyrene board-gypsum plasterboard composite panel

由纸面石膏板复合聚苯板、锚栓、嵌缝石膏、接缝纸带和饰面材料等组成，采用粘结石膏或水泥基粘结胶浆与外墙基层墙体的内表面粘结，用于墙体内保温的系统，本标准中简称复合板内保温系统。

2.0.2 纸面石膏板复合聚苯板　polystyrene board-gypsum plasterboard composite panel

以模塑聚苯乙烯泡沫塑料（简称"EPS板"）或挤塑聚苯乙烯泡沫塑料（简称"XPS板"）为保温层材料，以纸面石膏板为防护层，在工厂通过涂胶、复合、冷压而成的，具有保温、隔热和防护功能的板状制品，本标准中简称复合板。

2.0.3 纸面石膏板　gypsum plasterboard

以建筑石膏为主要原料，掺入适量外加剂，与水搅拌后，浇注于护面纸的面纸背面上，然后表面覆盖背纸，并与护面纸牢固地粘结在一起的建筑板材，本标准中简称石膏板。包括普通纸面石膏板和耐水纸面石膏板。

2.0.4 粘结层　bonding layer

位于复合板和基层墙体之间，对复合板与基层墙体起粘结固定作用的构造层。包括粘结石膏和水泥基粘结胶浆。

2.0.5 粘结石膏　gypsum binders

由石膏基胶凝材料、高分子聚合物材料、细骨料等组成，用于将复合板粘结在基层墙体上的粘结材料。

2.0.6 水泥基粘结胶浆　cement-based adhesive

由水泥基胶凝材料、高分子聚合物材料、填料及添加剂等辅助材料组成，用于将复合板粘结在基层墙体上的粘结材料。

2.0.7 嵌缝石膏　joint gypsum

以建筑石膏作为主要原料，掺入外加剂，混合均匀后，用于石膏板材之间填嵌缝隙或找平用的嵌缝材料。

2.0.8 接缝纸带　paper joint tape

以木浆纸张为基材，经中心压线、穿孔、两面拉毛而成，覆盖石膏板材之间缝隙，起到增强两块石膏板连接强度和防止开裂作用的薄型纸质增强带状材料。

2.0.9 金属护角纸带　flexible metal corner tape

以木浆纸张为基材，经中心压线、穿孔、两面拉毛处理，上粘两条平行的薄型铝合金窄带，覆盖粘贴在转角板缝表面，起到阳角护角、增强两块石膏板连接强度和防止开裂作用的薄型纸铝复合增强带状材料。

2.0.10 锚栓　anchor

由不锈钢膨胀件、不锈钢圆盘和塑料膨胀套管组成，依靠膨胀产生的摩擦力或机械锁定作用连接保温系统与基层墙体的机械固定件。

3 基本规定

3.0.1 复合板内保温系统工程应能适应基层墙体的正常变形，抵御使用、装修时的碰撞。

3.0.2 复合板内保温系统各组成部分应具有物理和化学稳定性，所有组成材料应彼此相容。

3.0.3 复合板内保温系统组成材料应符合现行国家标准《民用建筑工程室内环境污染控制标准》GB 50325 和《建筑材料放射性核素限量》GB 6566 的相关规定。

3.0.4 复合板与基层墙体的粘结应采用粘结石膏或水泥基粘结胶浆。

3.0.5 卫生间、浴室等潮湿空间的墙体不应采用复合板内保温系统。

3.0.6 用火、燃油、燃气的房间墙体不应采用复合板内保温系统。

3.0.7 复合板内保温系统的装饰面层采用饰面砖时，不应采用粘贴方式安装。

3.0.8 用于外门窗洞口内侧墙面的复合板应采用耐水纸面石膏板复合板。

3.0.9 复合板内保温系统组成材料和相关材料均应在工厂配制。

4 系统及系统组成材料

4.1 一般规定

4.1.1 除饰面层以外的复合板内保温系统组成材料必须由系统供应商配套提供。

4.1.2 复合板内保温系统采用的复合板应在工厂生产,严禁在工地现场进行聚苯板和石膏板的复合。

4.1.3 复合板应由聚苯板和整张石膏板复合。单张复合板上,EPS板面不得有拼缝,XPS板面拼缝数量不得超过1条。

4.1.4 复合板内保温系统采用的粘结石膏、水泥基粘结胶浆、嵌缝石膏等均应在工厂配制,现场不得任意添加其他材料组分。

4.1.5 复合板内保温系统采用的纸面石膏板、粘结石膏和嵌缝石膏严禁使用磷石膏。

4.1.6 复合板内保温系统采用的聚苯板不得使用再生料。

4.1.7 复合板内保温系统检测数据应依据现行国家标准《数值修约规则与极限数值的表示和判定》GB/T 8170中规定的修约值比较法判定。

4.2 系统及系统组成材料的性能

4.2.1 复合板内保温系统的性能应符合表4.2.1的规定。

表 4.2.1　复合板内保温系统性能指标

项目		性能指标	试验方法
耐久性		无可见裂缝、空鼓和剥离现象	GB/T 30593
系统拉伸粘结强度(MPa)		0.035	GB/T 30593
抗冲击性(次)		≥10	JG/T 159
热阻		应符合设计要求	GB/T 13475
防护层水蒸气渗透阻		应符合设计要求	JGJ 144
燃烧性能		B_1级	GB/T 20284 GB/T 8626
燃烧性能附加分级	产烟量	不低于s2级	GB/T 20284
	燃烧滴落物/微粒	不低于d1级	GB/T 20284
	产烟毒性	不低于t1级	GB/T 20285

4.2.2　复合板的性能应符合表4.2.2的规定。

表 4.2.2　复合板的主要性能指标

项目	性能指标	试验方法
断裂荷载(N)	横向方向≥200	JC/T 2077
	纵向方向≥520	
拉伸粘结强度(MPa)	≥0.035	JC/T 2077
抗冲击性(次)	≥10	JG/T 159
甲醛释放量 (环境舱法)(mg/m³)	≤0.124	GB/T 17657—2013 中 4.60
总挥发性有机化合物释放量 (TVOC)[mg/(m²·h)]	≤0.300	ISO 16000—6:2011 ISO 16000—9:2006

注：纵向断裂荷载检测样品切割方式可参考现行国家标准《纸面石膏板》GB/T 9775。

4.2.3　复合板的板面应表面平整、无夹杂物、颜色均匀，不应有起泡、裂口、变形等缺陷。

4.2.4　复合板的公称宽度为1200mm，公称长度为2400mm、2700mm、3000mm。复合板用纸面石膏板公称厚度应不小于

12.0mm。复合板尺寸的允许偏差应符合表4.2.4的规定。

表4.2.4 复合板尺寸允许误差

项目	允许偏差	试验方法
长度(mm)	−3 0	GB/T 6342
宽度(mm)	−3 0	
厚度(mm)	±2.0	
对角线差(mm)	≤4	
板面平整度(mm)	≤4.0	GB/T 30593

4.2.5 复合板用的EPS板性能指标除应符合现行国家标准《绝热用模塑聚苯乙烯泡沫塑料(EPS)》GB/T 10801.1的规定外,尚应符合表4.2.5的规定。EPS板在与纸面石膏板复合前应在自然条件下陈化不少于28d,或在蒸汽养护条件下陈化不少于5d。

表4.2.5 EPS板的性能指标

项目	性能指标		试验方法
	033级	037级	
导热系数(平均温度25℃±2℃)[W/(m·K)]	≤0.033	≤0.037	GB/T 10294 或 GB/T 10295
表观密度(kg/m³)	18~22		GB/T 6343
垂直于板面方向的抗拉强度(MPa)	≥0.10		JGJ 144
尺寸稳定性(70℃±2℃,48h)(%)	≤0.3		GB/T 8811
厚度偏差(mm)	+1.0 0		GB/T 6342
燃烧性能	B_1级		GB/T 20284,GB/T 8626

续表4.2.5

项目		性能指标		试验方法
		033级	037级	
燃烧性能附加分级	产烟量	不低于s2级		GB/T 20284
	燃烧滴落物/微粒	不低于d1级		GB/T 20284
	产烟毒性	不低于t1级		GB/T 20285
氧指数(%)		≥30		GB/T 2406.2

4.2.6 复合板用XPS板应采用开槽板。XPS板在和纸面石膏板复合前应在自然条件下陈化不少于28d,或在蒸汽养护条件下陈化不少于5d。产品表面应有生产日期标识,且该标识应有耐久性,在使用过程中应清晰可见。除应符合现行国家标准《绝热用挤塑聚苯乙烯泡沫塑料(XPS)》GB/T 10801.2的规定外,尚应符合表4.2.6的规定。

表4.2.6 XPS板的性能指标

项目	性能指标		试验方法
	030级	034级	
导热系数(平均温度25℃±2℃)[W/(m·K)]	≤0.030	≤0.034	GB/T 10294或GB/T 10295
表观密度(kg/m^3)	22～35		GB/T 6343
压缩强度(kPa)	≥150		GB/T 8813
垂直于板面方向的抗拉强度(MPa)	≥0.15		JGJ 144
尺寸稳定性(70℃±2℃,48h)(%)	≤1.2		GB/T 8811
厚度偏差(mm)	+1.0 0		GB/T 6342
燃烧性能	B$_1$级		GB/T 20284,GB/T 8626

续表4.2.6

项目		性能指标		试验方法
		030 级	034 级	
燃烧性能附加分级	产烟量	不低于 s2 级		GB/T 20284
	燃烧滴落物/微粒	不低于 d1 级		GB/T 20284
	产烟毒性	不低于 t1 级		GB/T 20285
氧指数(%)		≥30		GB/T 2406.2

4.2.7 XPS 板界面剂的性能应符合表 4.2.7 的规定。

表 4.2.7 XPS 板界面剂的性能指标

项目	性能指标	试验方法
容器状态	色泽均匀、无杂质、无沉淀、不分层	GB/T 20623
冻融稳定性(3 次)	无异常	GB/T 20623
储存稳定性	无硬块、无絮凝、无明显分层和结皮	GB/T 20623
pH 值	6～9	GB/T 20623
最低成膜温度(℃)	≤0	GB/T 9267
不挥发物含量(%)	用于不带表皮的毛面开槽板,≥18 用于带表皮的光面开槽板,≥22	GB/T 20623

4.2.8 石膏板的性能应符合表 4.2.8 的规定。

表 4.2.8 石膏板的性能指标

项目		性能指标		试验方法
		普通纸面石膏板	耐水纸面石膏板	
厚度偏差(mm)		±0.6		GB/T 9775
面密度(kg/m²)		6～10		
断裂荷载(N)	纵向平均值	≥520		
	纵向最小值	≥460		
	横向平均值	≥200		
	横向最小值	≥180		

续表4.2.8

项目		性能指标		试验方法
		普通纸面石膏板	耐水纸面石膏板	
硬度(板材的棱边硬度和端头硬度)(N)		$\geqslant 70$		GB/T 9775
抗冲击性		经冲击后板材背面应无径向裂纹		
护面纸与芯材粘结性		护面纸与芯材应不剥离		
板吸水率(%)		—	$\leqslant 10$	
表面吸水量(g/m²)		—	$\leqslant 160$	
水溶性五氧化二磷 P_2O_5(干基)(%)		$\leqslant 0.02$		JC/T 2073
放射性核素限量	内照射指数 I_{Ra}	$\leqslant 1.0$		GB 6566
	外照射指数 I_r	$\leqslant 1.0$		
燃烧性能		A 级		GB 8624

4.2.9 粘结石膏的性能应符合表 4.2.9 的规定。

表 4.2.9 粘结石膏的性能指标

项目		性能指标	试验方法
细度(%)	1.18mm 筛网筛余	0	JC/T 1025
	150um 筛网筛余	$\leqslant 25$	
凝结时间(min)	初凝	$\geqslant 25$	GB/T 28627
	终凝	$\leqslant 120$	
抗折强度(MPa)		$\geqslant 5.0$	JC/T 1025
抗压强度(MPa)		$\geqslant 10.0$	JC/T 1025
拉伸粘结强度(与聚苯板)	原强度(MPa)	$\geqslant 0.10$,破坏发生在保温板中	GB/T 30593
拉伸粘结强度(与水泥砂浆)	原强度(MPa)	$\geqslant 0.5$	
水溶性五氧化二磷 P_2O_5(干基)(%)		$\leqslant 0.02$	JC/T 2073
放射性核素限量	内照射指数 I_{Ra}	$\leqslant 1.0$	GB 6566
	外照射指数 I_r	$\leqslant 1.0$	

注:在抗折强度、抗压强度、拉伸粘结强度试验中,脱模后的试件在标准试验条件下静置24h,然后在(40±2)℃电热鼓风干燥箱中烘干至恒量(24h 质量减少不大于 1g 即为恒量)。烘干后的试件应在标准试验条件下冷却至室温待用。

4.2.10 水泥基粘结胶浆的性能应符合表 4.2.10 的规定。

表 4.2.10 水泥基粘结胶浆的性能指标

项目		性能指标	试验方法
拉伸粘结强度(与聚苯板)(MPa)	原强度(48h)	≥0.05,破坏发生在保温板中	GB/T 30593
	原强度(28d)	≥0.10,破坏发生在保温板中	
拉伸粘结强度(与水泥砂浆)(MPa)	原强度(48h)	≥0.3	
	原强度(28d)	≥0.6	
可操作时间(h)		≤1.0	

4.2.11 锚栓应采用不锈钢膨胀件及不锈钢圆盘,不锈钢圆盘的直径不小于 30mm,厚度不小于 0.8mm。锚栓的塑料膨胀套管应采用聚酰胺、聚乙烯或聚丙烯制成,且不得使用回收的再生料,锚栓的性能应符合表 4.2.11 的规定。

表 4.2.11 锚栓的性能指标

项目	性能指标	试验方法
单个锚栓抗拉承载力(kN)	≥0.30	JG/T 366

注:单个锚栓抗拉承载力试验采用的基层墙体类型应符合行业标准《外墙保温用锚栓》JG/T 366—2012 中 E 类基层墙体的规定。

4.2.12 嵌缝石膏的性能应符合表 4.2.12 的规定。

表 4.2.12 嵌缝石膏的性能指标

项目		性能指标	试验方法
细度(%)		≤1.0	JC/T 2075
凝结时间(min)	初凝	≥40	GB/T 28627
	终凝	≤120	
施工性		刮抹无障碍、不打卷	JC/T 2075
保水率(%)		≥85	GB/T 28627
抗拉强度(MPa)		≥0.60	JC/T 2075

续表4.2.12

项目		性能指标	试验方法
打磨性(g)		0.2~1.0	JC/T 2075
抗裂性		无裂缝	JC/T 2075
抗腐化性		无色变、无霉变、无异味	JC/T 2075
水溶性五氧化二磷 P_2O_5(干基)(%)		≤0.02	JC/T 2073
放射性核素限量	内照射指数 I_{Ra}	≤1.0	GB 6566
	外照射指数 I_r	≤1.0	

4.2.13 接缝纸带侧边应平整,表面无污渍;带面应有贯通小孔;带面中央应有纵向折痕,接缝纸带的性能应符合表4.2.13的规定。

表 4.2.13 接缝纸带的性能指标

项目		性能指标	试验方法
宽度(mm)		50.0±3.0	JC/T 2076
		100.0±3.0	
长度偏差(mm/m)		±20	
厚度(mm)		≤0.30	
粘结强度(MPa)		≥0.30	
横向抗拉强度(N/mm)		≥4.0	
湿膨胀率(%)	纵向	≤0.4	
	横向	≤2.5	

4.2.14 金属护角纸带的性能应符合表4.2.14的规定。

表 4.2.14 金属护角纸带的性能指标

项目	性能指标	试验方法
宽度(mm)	50.0±3.0	JC/T 2076
长度偏差(mm/m)	±20	

续表4.2.14

项目		性能指标	试验方法
厚度(mm)		≤0.30	JC/T 2076
粘结强度(MPa)		≥0.30	
横向抗拉强度(N/mm)		≥4.0	
湿膨胀率(%)	纵向	≤0.4	
	横向	≤2.5	
铝合金条(mm)	宽度	≥10	
	厚度	≥0.20	

4.2.15 腻子的性能应符合表 4.2.15 的规定。

表 4.2.15 腻子的性能指标

项目		性能指标		试验方法
		柔性(R)	柔性耐水型(RN)	
容器中状态		无结块、均匀		JG/T 298
施工性		涂挂无障碍		
干燥时间（表干）	单道施工厚度 <2mm 的产品	≤2h		GB/T 1728—2020 中乙法
	单道施工厚度 ≥2mm 的产品	≤5h		
初期干燥抗裂性	单道施工厚度 <2mm 的产品	3h 无裂纹		JG/T 24
	单道施工厚度 ≥2mm 的产品			
打磨性		手工可打磨		JG/T 298
耐水性		4h 无起泡、开裂及明显掉粉		GB/T 1733 GB/T 6682
粘结强度 (MPa)	标准状态	＞0.40	＞0.50	JG/T 24
	浸水后	—	＞0.30	

续表4.2.15

项目	性能指标		试验方法
	柔性(R)	柔性耐水型(RN)	
腻子膜柔韧性	直径50mm,无裂纹		JG/T 157
动态抗开裂性(mm)	≥0.08,<0.3		
低温贮存稳定性	三次循环不变质		GB/T 9268—2008 中A法
有害物质限量	符合现行国家标准《建筑用墙面涂料中有害物质限量》GB 18582中水性墙面腻子的规定		GB 18582

注:1 柔性腻子及柔性耐水型腻子,腻子膜柔韧性或动态抗开裂性应符合其中一项。
　　2 膏状组合须测试低温贮存稳定性指标。

4.3 系统组成材料包装、运输、装卸和贮存

4.3.1 复合板内保温系统组成材料的包装应符合下列规定:

1 复合板应多块叠合,采用防水塑料膜袋或其他防水材料包装,不得裸露。

2 耐水纸面石膏板复合保温板应有明显标识。

3 粘结石膏、水泥基粘结胶浆、嵌缝石膏、腻子等干混砂浆类产品应采用防潮纸袋或专用包装袋包装。

4 锚栓应用纸盒或纸箱包装。

5 包装上应注明产品名称、型号与数量、标准编号与商标、生产日期与质量保质期、生产企业名称与地址、联系方式,干混砂浆类产品应注明现场拌制的加水量。

6 产品表面应有不可转移的生产日期标识,且该标识应耐久,在使用过程中应清晰可见。

4.3.2 材料在运输、装卸、贮存过程中应符合下列规定:

1 运输时不应磕碰、重压,装卸时严禁抛掷。

2 复合板在搬运时应侧立搬运,整垛搬运时应采用叉车。

3 运输和贮存时,应防火、防潮、防雨,包袋不得破损。

4 材料严禁露天堆放,单垛高度不宜超过1.5m,不同类型复合板应分开堆放。

5 应在干燥、通风的室内架空贮存,不得阳光直射区域。

6 复合板在堆放时应平放,整垛底部应设置不少于3根支座,支座间距不得大于1500mm,垛底离地不小于20mm;宜在垛表面覆盖防水材料。

4.3.3 粘结石膏、水泥基粘结胶浆、嵌缝石膏等干混砂浆产品的保质期为6个月,应置于室内干燥环境。超过贮存保质期的,不应使用。严禁使用已结块的干混砂浆产品。

5 设 计

5.1 一般规定

5.1.1 采用复合板内保温系统的建筑工程施工图应绘制内保温范围平面示意图。

5.1.2 住宅、宿舍等居住建筑外墙内保温的保温层设置范围可为套内空间的外墙和与公共部位隔墙的内表面。公共部位隔墙的复合板内保温系统应设在户内一侧。

5.1.3 建筑工程施工图平面图应标明位于内保温墙面的设备管道、支架等重物的位置,并应绘制节点详图。内保温墙体上安装设备、管道或悬挂重物时,其支承构件的埋件应固定于基层墙体上,并应采取密封措施。

5.1.4 外门窗洞口的内侧应做保温处理,采用复合板时,应采用耐水纸面石膏板。

5.1.5 复合板内保温系统所用石膏板的公称厚度不应小于12.0mm。

5.1.6 在复合板内保温系统的纸面石膏板表面刮涂腻子时,腻子应符合本标准第 4.2.10 条的规定。

5.1.7 在基层墙体采用抹灰石膏找平时,粘结层应采用粘结石膏。

5.2 构造设计

5.2.1 复合板内保温构造由找平层、粘结层、复合板和饰面层组成,见图 5.2.1。

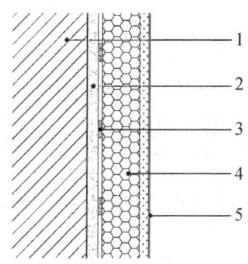

1—基层墙体;2—找平层;3—粘结层;4—复合板;5—饰面层

图 5.2.1 复合板内保温构造

5.2.2 基层墙体表面应采用界面剂处理,应符合下列规定:

1 基层墙体为混凝土墙、混凝土砌块(砖)、混凝土条板等时,应采用混凝土界面剂。

2 基层墙体为蒸压加气混凝土时,应符合加气混凝土界面处理的规定。

5.2.3 基层墙体设抹灰砂浆整体找平时,找平层厚度不应小于12mm,抹灰砂浆强度不应低于M15。

5.2.4 复合板的板间接缝和阴角应采用接缝纸带,阳角宜采用金属护角纸带,绘制节点详图时应标明接缝纸带、金属护角纸带,见图 5.2.4-1~图 5.2.4-3。

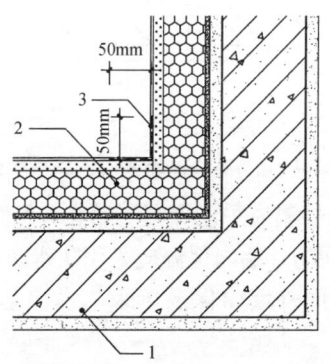

1—外墙基层墙体;2—复合板;3—接缝纸带

图 5.2.4-1 复合板外墙内保温系统阴角

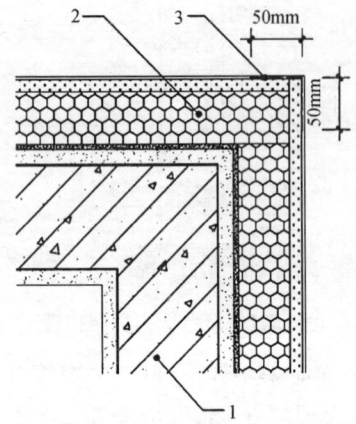

1—外墙基层墙体;2—复合板;3—金属护角纸带
图 5.2.4-2 复合板外墙内保温系统阳角

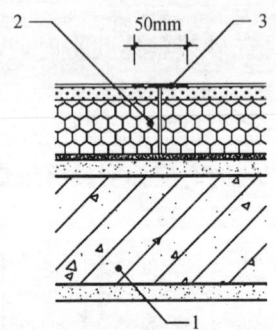

1—外墙基层墙体;2—复合板;3—接缝纸带
图 5.2.4-3 复合板外墙内保温系统接缝

5.2.5 厨房外墙内保温应采用保温层燃烧等级为 A 级保温材料的内保温系统,卫生间的外墙内保温应采用防水防潮的内保温系统。

5.2.6 厨房、卫生间外墙内保温可采用水泥基无机保温砂浆,应符合下列规定:

1 外墙内表面应采用厚度不小于 20mm 的水泥基无机保温砂浆,其性能参数应符合现行上海市工程建设规范《无机保温砂浆系统应用技术规程》DG/TJ 08—2088 的规定。

2 厨房、卫生间与相邻房间隔墙应设置保温层。

3 当厨房、卫生间与相邻房间隔墙采用复合板内保温系统或其他材料保温系统时,内保温系统应设在相邻房间一侧的墙面。

5.3 热工设计

5.3.1 复合板的热工性能应按聚苯板的热工性能确定,复合板中聚苯板的热工性能参数及修正系数应符合表 5.3.1 的规定。

表 5.3.1 聚苯板的热工性能参数及修正系数

材料		导热系数 λ [W/(m·K)]	蓄热系数 S [W/(m²·K)]	修正系数 α
EPS 板	033 级	0.033	0.28	1.05
	037 级	0.037	0.28	
XPS 板	030 级	0.030	0.34	1.10
	034 级	0.034	0.34	

5.3.2 复合板外墙内保温系统的热工计算可包括下列构造层:

1 外墙面抹灰。

2 基层墙体。

3 找平层(有找平层时可计入)。

4 复合板。

5.3.3 复合板的保温层选用厚度应符合上海市现行节能设计标准中外墙热工性能规定限值要求,不同聚苯板的保温层厚度可根据外墙、隔墙、凸窗不透明板等热工性能限值在本标准附录 A 中选择。

5.3.4 外门窗洞口内侧边的保温处理可采用厚度不小于 20mm 无机保温砂浆,也可采用复合板;采用复合板时,其聚苯板厚度不应小于 10mm。

5.3.5 当采用无机保温砂浆时,厨房、卫生间与相邻居室隔墙的热工性能,应符合上海市现行建筑节能设计标准对分户墙或隔墙的传热系数规定。

5.3.6 外墙热桥部位应进行露点温度计算,当热桥部位的内表面温度不低于室内空气在设计温度、湿度条件下的露点温度时,可不进行保温处理。

5.3.7 当露点温度计算得出热桥部位的内表面温度低于室内空气在设计温度、湿度条件下的露点温度时,外墙与隔墙、楼板交接的热桥部位应采取辅助保温措施,应设置附加保温层。

5.3.8 热桥部位需要采取保温措施时,其附加保温层应符合下列规定:

  1 附加保温层材料应采用厚度不小于 20mm 的水泥基无机保温砂浆,或采用聚苯板厚度不小于 10mm 的复合板。

  2 附加保温层应沿隔墙和楼板板面向室内延伸,延伸长度自外墙内保温系统完成面起不应小于 300mm,各部位附加保温层构造节点见图 5.3.8-1～图 5.3.8-4。

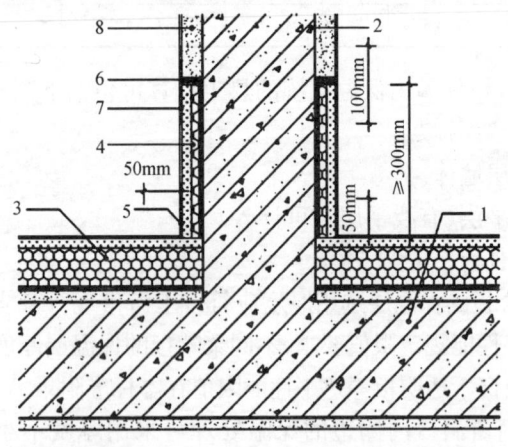

1—外墙基层墙体;2—内隔墙;3—复合板;4—复合板;
5—接缝纸带;6—嵌缝石膏;7—网格布;8—墙面抹灰

图 5.3.8-1　附加保温层为复合板的构造节点

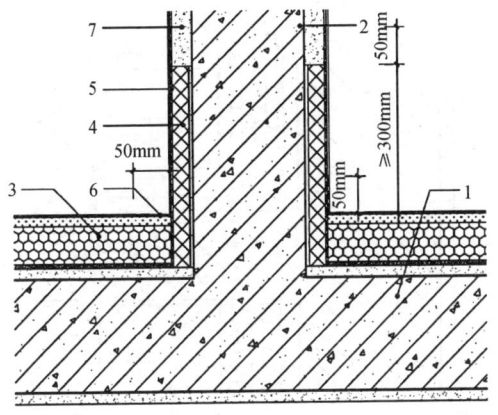

1—外墙基层墙体；2—内隔墙；3—复合板；4—水泥基无机保温砂浆；
5—网格布；6—接缝纸带；7—墙面抹灰

图 5.3.8-2 附加保温层为无机保温砂浆的构造节点

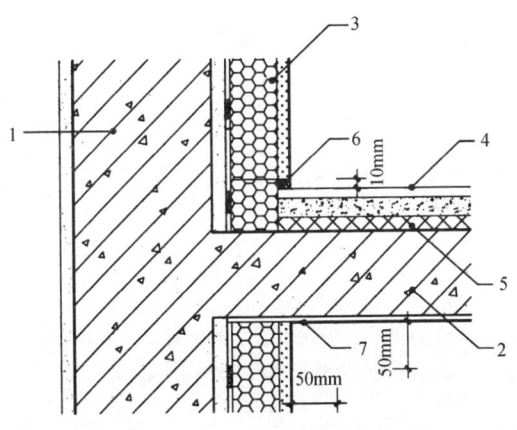

1—外墙基层墙体；2—楼板；3—复合板；4—楼板面层；
5—楼板保温层；6—嵌缝石膏；7—接缝纸带

图 5.3.8-3 保温楼板构造节点

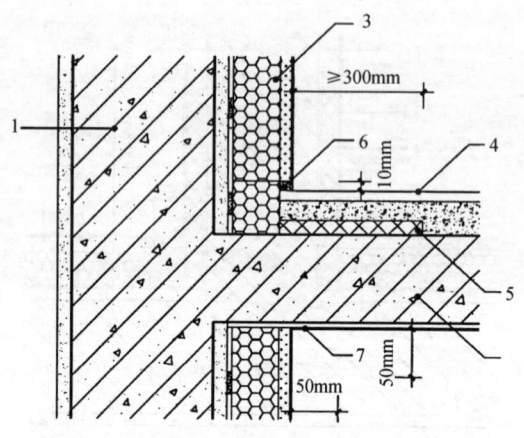

1—外墙基层墙体；2—楼板；3—复合板；4—楼板面层；
5—聚苯板；6—嵌缝石膏；7—接缝纸带

图 5.3.8-4　不保温楼板构造节点

6 施 工

6.1 一般规定

6.1.1 应按照经审查合格的施工图设计文件编制复合板内保温系统专项施工方案,并应符合现行国家标准《建设工程施工现场消防安全技术规范》GB 50720 的规定。

6.1.2 复合板内保温系统施工前,应对施工人员进行技术交底和和实际操作培训。复合板内保温系统供应商应安排专业人员在施工过程中进行现场指导,并配合施工人员和监理人员做好施工质量控制工作。

6.1.3 复合板内保温系统应在主体结构与墙体基层质量验收合格后进行施工。复合板内保温系统施工前,外门窗应安装完毕,门窗框、凸窗应按要求留出保温层厚度。水暖及装饰工程需要的管线、管件、挂件等预埋件,应留出位置或预埋完毕。电气工程的暗管线、接线盒等应埋设完毕,并应完成暗管线的穿带线工作。

6.1.4 复合板内保温系统主要组成材料进场时,应提供产品品种、规格、性能等有效的型式检验报告,并应按规定进行现场抽样复验,抽样数量应符合现行上海市工程建设规范《建筑节能工程施工质量验收规程》DGJ 08—113 的规定。

6.1.5 复合板内保温系统大面积施工前,应在现场采用相同材料、构造做法和工艺制作样板墙,经有关各方确认后方可进行施工。

6.1.6 复合板内保温系统施工期间以及完工后 24h 内,室内空气温度应为 5℃～35℃。粘贴复合板时,宜关闭门窗并对外墙上开敞洞口进行临时封闭。

6.1.7 采用 XPS 板的复合板粘贴上墙前,其粘贴面宜涂刷乳液型界面剂进行毛面处理；当采用带表皮的XPS板时，其粘贴面应满涂乳液型界面剂。

6.1.8 基层墙体找平层采用水泥砂浆时，可采用粘结石膏或水泥基粘结胶浆作为粘结层；当找平层采用抹灰石膏时，应采用粘结石膏作为粘结层，且抹灰石膏表面应涂刷乳液型界面剂，乳液型界面剂的固含量不应低于12%。

6.2 施工要点

6.2.1 复合板内保温系统施工工艺流程应符合图6.2.1的规定。

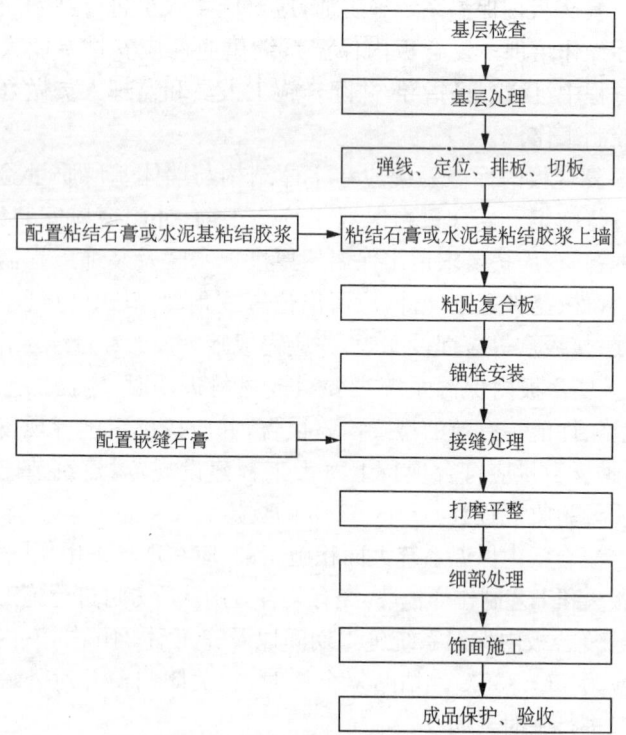

图6.2.1 复合板内保温系统施工工艺流程

6.2.2 墙体基层应坚实、平整、干燥、洁净。当有墙面上的槽、凹凸及楼板结构不平整等现象时，应采取填平补强处理措施；复合板上墙前，基层墙面应采用界面剂进行处理。

6.2.3 弹线定位应符合下列规定：

1 应根据线路、接线盒、洞口尺寸位置，从墙面一端向另一端进行排板。

2 应按房间墙面状态，以控制点（粘结层厚度＋复合板厚度）在相应基层面弹出控制线。

6.2.4 复合板应根据排板尺寸进行切割。应根据线盒、开关、门窗框洞口等位置，在待切割的复合板上弹线标注，应用开孔锯开孔，进行复合板切割。门窗洞口转角处，应沿洞口边线设置复合板接缝，不应采用L形复合板。

6.2.5 粘结石膏、水泥基粘结胶浆加水量和一次配制量的限定使用时间应符合产品使用说明书的要求，施工中途如遇凝结，严禁二次加水搅拌后继续使用。

6.2.6 复合板与基层墙体应采用点框法粘结，并应符合下列规定：

1 粘结层厚度不应小于5mm。

2 采用粘结石膏粘结，粘结面积不应小于复合板面积的30%。

3 采用水泥基粘结胶浆粘结，粘结面积不应小于复合板面积的40%。

4 复合板的保温材料为XPS板时，粘结面积不应小于复合板面积的40%。

6.2.7 复合板安装应符合下列规定：

1 粘贴复合板应按"先下后上、先整张后非整张"的原则施工。

2 在涂好粘结石膏或水泥基粘结胶浆的基层上铺贴复合板，从房间墙面一端开始，按控制线顺序向另一端安装，板与板之间紧密拼缝,板面应平整,接缝缝隙不应大于5mm。

3 在顶部及地面,以控制线为准,应使用橡皮锤敲击复合板表面,并应用2m靠尺和托线板检查,垂直度和平整度应调整到位,应贴紧挤压均匀并校核,并应清除板边溢出的粘结材料。

4 复合板与楼地面之间应设缝隙,缝隙不应大于10mm,应采用聚苯乙烯泡沫条嵌缝,并应采用嵌缝石膏填实。

6.2.8 复合板安装采用粘结石膏粘贴应符合下列规定:

1 当墙体高度超过复合板长边时,应在下层复合板粘贴完成8h后再进行上层复合板的安装,墙面水平接缝不得超过1条。

2 应在整个房间墙面复合板粘贴完后开窗通风。

6.2.9 复合板安装采用水泥基粘结胶浆粘贴应符合下列规定:

1 当墙体高度超过复合板长边时,应在下层复合板粘贴完成48h后再进行上层复合板的安装。墙面水平接缝不得超过1条。

2 应同时在复合板表面设置临时支撑,在安装锚栓前不得拆除临时支撑。

3 48h内不得进行后道工序施工。

6.2.10 锚栓应在整面墙复合板粘贴施工完成后安装。安装前应检查复合板与墙体基层粘结状态,复合板松动时,应拆除复合板,清理粘结层,重新安装复合板;不得采用安装锚栓方式加固已松动的复合板。

6.2.11 锚栓安装的数量、位置、基层内有效深度和时间应符合下列规定:

1 锚栓进入混凝土墙体的有效锚固深度不应小于25mm;基层墙体为加气混凝土时,锚栓的有效锚固深度不应小于50mm;空心砌块(条板)等有空腔结构的基层墙体,应采用回拧式锚栓。

2 锚栓应位于粘结石膏或水泥基粘结胶浆位置。

3 单块复合板顶部距板边缘不小于80mm且不大于150mm处,应采用不少于2个锚栓固定在基层墙体上,锚栓间距不应小于 600mm,锚栓的钉头不得凸出板面。

4 复合板底高度超过 2400mm 且单块板面积不大于 $0.36m^2$ 时,应采用不少于 1 个锚栓固定在基层墙体上,且应满粘。

5 复合板底高度不超过 2400mm 且单块板面积不大于 $0.36m^2$ 时,可不设置锚栓,但应满粘。

6 采用粘结石膏安装复合板,应在整面墙复合板粘贴施工完成 24h 后安装锚栓。

7 采用水泥基粘结胶浆安装复合板,应在整面墙复合板粘贴施工完成 48h 后安装锚栓。

6.2.12 复合板的接缝处应采用嵌缝石膏,接缝处理应符合下列规定:

1 锚栓安装完毕后应检查接缝的平整度,应在清洁板缝后进行接缝处理。

2 嵌缝石膏加水量应按产品使用说明书的要求,一次配制量应在 0.5h 内用完。严禁二次加水搅拌后继续使用。

3 嵌缝石膏应填满板缝、压实,并应批刮抹平在缝两侧复合板上,宽度比接缝纸带单边宽度不应少于 10mm。

4 平缝应采用双层接缝纸带。应以接缝纸带毛面为粘贴面,接缝纸带中线和复合板板缝中线重合;第一层接缝纸带宽度应为 50mm,压入第一层嵌缝石膏中,并应抹刮压实;第二层接缝纸带宽度应为 100mm,压入第二层嵌缝石膏中,并应抹刮压实。接缝纸带应平整,中间不得有气泡。

5 阴角和阳角接缝采用的接缝纸带或金属护角纸带,应将纸带中线对折后使用。

6 嵌缝石膏干燥凝固后,应用砂纸打磨平整。

6.2.13 复合板安装的细部构造处理应符合下列规定:

1 孔洞四周应满刮 50mm 宽粘结石膏。

2 外露的保温层侧面应设置 20mm 的嵌缝石膏。

6.2.14 复合板安装完毕后的保护应符合以下规定：
1 不得在墙面进行电焊、气焊操作。
2 应采取有效措施，防止墙面受潮、污染、损坏，不得用重物碰撞、挤靠复合板墙壁。
3 人员易碰撞的部位应设置保护措施。

6.3 施工安全

6.3.1 复合板内保温系统施工现场应采取可靠的防火安全措施，并应符合下列规定：
1 施工作业区域，严禁明火作业。
2 施工现场应按照现行国家标准《建设工程施工现场消防安全技术规范》GB 50720 的规定，配置灭火器和消防给水系统设施。
3 施工用照明灯等高温设备靠近复合板保温材料时，应采取可靠的防火措施。
4 施工时产生的施工废弃原料、保温包装材料等可燃、易燃物，应在完成区域施工或拆解完包装时随手整理，保持场地整洁，施工人员离场必须带离并应投放到指定易燃垃圾暂存点。

6.3.2 复合板在施工场地临时堆场应符合下列规定：
1 堆放场地四周应由不燃材料围挡。
2 堆放场地应为禁火区域，并应有显著标识，其周围不得有明火作业。
3 堆放场地附近不得放置易燃、易爆等危险物品。
4 堆放场地应配备种类适宜的灭火器、砂箱或其他灭火器具。
5 堆放场地复合板的存放量不应超过 3d 的工程需用量，并应采用不燃性材料完全覆盖。

6.3.3 复合板内保温系统施工应严格符合下列规定：
1 应按施工方案和标准规范要求搭设操作平台，超高部位施工采用的脚手架应经安全检验合格,施工机具和劳保用品应有合格检验证书。

  2 楼层临空、门窗洞口和预留孔洞部位必须设置安全护栏并应挂设安全网,或应采取其他防止坠落的防护措施。

7 质量验收

7.1 一般规定

7.1.1 复合板内保温系统应按现行国家标准《建筑工程施工质量验收统一标准》GB 50300、《建筑节能工程施工质量验收标准》GB 50411 和现行上海市工程建设规范《建筑节能工程施工质量验收规程》DGJ 08—113 的有关规定进行施工质量验收。

7.1.2 复合板内保温系统应对下列部位或内容进行隐蔽工程验收，并应有详细的文字记录和必要的图像资料：

1 复合板附着的基层及其表面处理。
2 复合板的粘结及固定。
3 锚栓安装。
4 墙体热桥部位处理。
5 板缝及构造节点处理。
6 被封闭的保温材料厚度和石膏板厚度。

7.1.3 复合板内保温系统质量验收的检验批划分应符合下列规定：

1 采用相同材料、工艺和施工做法的墙面，扣除门窗洞口面积后的保温墙面面积每 $1000m^2$ 应划分为一个检验批，不足 $1000m^2$ 也应划分为一个检验批。

2 高层建筑的标准层可按每 10 层（不足 10 层按 10 层计）划分检验批。

3 检验批的划分也可根据与施工流程相一致且方便施工与验收的原则，由施工单位与监理（建设）单位共同商定，但一个检验批的面积不得大于 $3000m^2$。

4 每个检验批每 100m² 应至少抽查 1 处,每处不应小于 10m²,每个检验批抽查不应少于 3 处。

7.1.4 复合板内保温系统检验批质量验收合格,应符合下列规定:

1 检验批应按主控项目和一般项目验收。

2 主控项目应全部合格。

3 一般项目应全部合格,当采用计数检验时,不应少于 90% 以上的检查点合格,且其余检查点不得有严重缺陷。

7.1.5 复合板内保温系统竣工验收应提供下列资料,并应纳入竣工技术档案:

1 审查通过的建筑节能工程设计文件,图纸会审纪要,设计变更文件和技术核定手续。

2 通过审批的节能工程施工组织设计和专项施工方案及技术交底记录。

3 建筑节能工程使用材料、成品及配件的产品合格证、出厂检验报告和进场复验报告。

4 隐蔽工程验收记录和相关图像资料。

5 检验批、分项工程验收记录。

6 监理单位过程质量控制资料及建筑节能专项质量评估报告。

7 有效期内的系统及系统组成材料的型式检验报告。

8 其他必要的资料,包括样板墙或样板件的工程技术档案资料。

7.2 主控项目

7.2.1 复合板内保温系统及其组成材料,其品种、规格、性能等应符合设计要求和本标准第 4 章的规定,型式检验报告应符合本标准附录 B 的规定。

检查方法:观察、尺量检查,核查型式检验报告和质量证明文件。

检查数量:按进场批次,每批随机抽取 3 个试样进行检查;质量证明文件应按其出厂检验批进行核查。

7.2.2 复合板内保温系统主要组成材料进场时,应提供产品品种、规格、性能等有效的型式检验报告,应进行现场抽检复验,复验内容应符合表 7.2.2 的规定。

检查方法:随机抽样送检,核查复验报告。

检查数量:同一厂家、同一品种的产品,每 6000m² 建筑面积(或保温面积 5000m²)抽样不少于 1 次,不足 6000m² 建筑面积(或保温面积 5000m²)也应抽样 1 次;单位建筑面积 6000m²～12000m²(或保温面积 5000m²～10000m²)抽样不少于 2 次;单位建筑面积 12000m²～20000m²(或保温面积 10000m²～15000m²)抽样不少于 3 次;当单位建筑面积在 20000m² 以上时,每增加 10000m² 建筑面积(或保温面积 8000m²),抽样不得少于 1 次。同一厂家、同一品种的产品燃烧性能抽样不得少于 1 次。

表 7.2.2 复合板内保温系统工程主要组成材料的复验项目

组成材料	复验项目
复合板	抗冲击性、断裂荷载、甲醛释放量、总挥发性有机化合物释放量(TVOC)、导热系数、表观密度、压缩强度、燃烧性能、燃烧性能附加分级、氧指数、垂直于板面抗拉强度、水溶性五氧化二磷 P_2O_5(干基)
粘结石膏	凝结时间、与复合板拉伸粘结强度、水溶性五氧化二磷 P_2O_5(干基)
水泥基粘结胶浆	与复合板拉伸粘结强度、与水泥砂浆拉伸粘结强度
接缝纸带	粘结强度、横向抗拉强度
嵌缝石膏	凝结时间、抗拉强度、水溶性五氧化二磷 P_2O_5(干基)
锚栓	单个锚栓抗拉承载力标准值

7.2.3 复合板内保温系统施工前应按照设计和施工方案的要求对基层进行处理,处理后的基层应符合施工方案的要求。

检查方法:对照设计和施工方案观察检查;核查隐蔽工程验收记录。

检查数量:全部检查。

7.2.4 复合板内保温系统施工应符合下列规定:

1 保温材料厚度符合设计要求,不得有负偏差。

2 锚栓数量、位置、锚固深度应符合施工要求。

检查方法:观察;保温材料厚度采用剖开尺量检查;锚固力核查现场拉拔试验报告;核查隐蔽工程验收记录。

检查数量:每个检验批抽查不少于3处。

7.2.5 复合板内保温系统门窗洞口侧面、凸窗不透明板,应按设计要求采取保温措施。

检查方法:对照设计和施工方案现场检查;检查隐蔽工程验收。

检查数量:每个检验批应抽查5%,并不少于5个洞口。

7.3 一般项目

7.3.1 复合板内保温系统所用材料的外观和包装应完整无破损。

检查方法:观察检查;检查出厂材料的产品外观和产品包装。

检查数量:全部检查。

7.3.2 复合板外观检查应符合下列规定:

1 应平整、洁净、无歪斜和裂缝。

2 整体色泽应均匀一致,无发花现象。

3 接缝应连续、平直、密实、无空鼓,宽度与深度应和嵌缝材料一致。

检查方法:观察检查;检查隐蔽工程验收记录。

检查数量:全部检查。

7.3.3 施工产生的墙体缺陷,如穿墙套管、脚手架眼、管线槽等,复合板内保温系统应根据施工方案采取填补补齐或补强措施处理。

检查方法:观察、触摸、敲击检查。

检查数量:全部检查。

7.3.4 复合板的安装接缝应符合施工方案要求。接茬应平顺、填料应密实。

检查方法:观察、触摸、敲击检查,核查施工记录。

检查数量:每个检验批抽查10%,且不少于5处。

7.3.5 复合板内保温系统墙体的阳角、门窗洞口及不同材料基层的交接处等特殊部位,应采取防止板面开裂或破损的防护措施。

检查方法:观察、敲击检查;检查施工记录和隐蔽工程验收记录。

检查数量:按不同部位,每类抽查10%,且不少于5处。

7.3.6 复合板安装允许偏差和检查方法应符合表7.3.6的规定。

表7.3.6 复合板安装允许偏差和检查方法

项目	允许偏差	检查方法
接缝平整度(mm)	≤2	2米靠尺和塞尺检查
板面平整度(mm)	≤4	2米靠尺和塞尺检查
板面垂直度(mm)	≤4	2米垂直检测尺检查
阴阳角(mm)	≤4	直角检测尺检查

附录 A 复合板内保温系统的保温层选用厚度

A.0.1 复合板内保温系统的保温层厚度及传热系数可根据不同墙体材料和构造组成确定。

A.0.2 用于钢筋混凝土墙体的复合板保温层材料、厚度及传热系数可按表 A.0.2 选用。

表 A.0.2 用于钢筋混凝土墙体的复合板保温层材料、厚度及传热系数

构造组成 （从外到内）	保温层 材料	保温层厚度 (mm)	外墙平均传热系数 [W/(m²·K)]
1. 水泥砂浆 15mm 2. 钢筋混凝土 200mm $[\lambda=1.740\text{W}/(\text{m}\cdot\text{K})$ $\alpha=1.00]$ 3. 复合板	EPS 板 (033 级)	45	0.76
		50	0.70
		55	0.64
	EPS 板 (037 级)	50	0.77
		55	0.71
		60	0.66
		65	0.61
	XPS 板 (030 级)	40	0.80
		45	0.73
		50	0.67
		55	0.62
	XPS 板 (034 级)	45	0.80
		50	0.74
		55	0.69
		60	0.64

A.0.3 用于蒸压加气混凝土(B05级)墙体的复合板保温层材料、厚度及传热系数可按表 A.0.3 确定。

表 A.0.3 用于蒸压加气混凝土(B05级)墙体的复合板保温层材料、厚度及传热系数

构造组成 (从外到内)	保温层 材料	保温层 厚度 (mm)	主墙体传热 系数 [W/(m²·K)]	外墙平均传热系数 [W/(m²·K)]	
				框架结构	砌体结构
1. 水泥砂浆 15mm 2. 蒸压加气混凝土 (B05)200mm [λ=0.19W/(m·K) α=1.25] 3. 水泥砂浆 12mm 4. 复合板	EPS板 (033级)	30	0.49	0.74	0.70
		35	0.46	0.68	0.64
		40	0.43	0.62	0.59
	EPS板 (037级)	30	0.51	0.79	0.74
		35	0.48	0.73	0.68
		40	0.45	0.67	0.63
		45	0.43	0.62	0.59
	XPS板 (030级)	30	0.48	0.72	0.68
		35	0.45	0.66	0.62
		40	0.42	0.61	0.58
	XPS板 (034级)	30	0.51	0.78	0.73
		35	0.47	0.71	0.67
		40	0.45	0.66	0.62
		45	0.42	0.61	0.58

A.0.4 用于蒸压加气混凝土(B06级)墙体的复合板保温层材料、厚度及传热系数可按表 A.0.4 确定。

表 A.0.4 用于蒸压加气混凝土(B06 级)墙体的复合板保温层材料、厚度及传热系数

构造组成（从外到内）	保温层材料	保温层厚度（mm）	主墙体传热系数 [W/(m²·K)]	外墙平均传热系数 [W/(m²·K)]	
				框架结构	砌体结构
1. 水泥砂浆 15mm 2. 蒸压加气混凝土（B06）200mm [$\lambda=0.16$W/(m·K) $\alpha=1.25$] 3. 水泥砂浆 12mm 4. 复合板	EPS板（033级）	30	0.53	0.78	0.74
		35	0.49	0.71	0.67
		40	0.46	0.65	0.62
		45	0.43	0.60	0.58
	EPS板（037级）	30	0.56	0.83	0.78
		35	0.52	0.76	0.72
		40	0.49	0.70	0.67
		45	0.46	0.65	0.62
		50	0.43	0.60	0.58
	XPS板（030级）	30	0.52	0.75	0.72
		35	0.48	0.69	0.65
		40	0.45	0.63	0.60
	XPS板（034级）	30	0.55	0.81	0.77
		35	0.51	0.74	0.70
		40	0.48	0.68	0.65
		45	0.45	0.63	0.61

A.0.5 用于普通混凝土小型空心砌块墙体的复合板保温层材料、厚度及传热系数按表 A.0.5 确定。

表 A.0.5 用于普通混凝土小型空心砌块墙体的复合板保温层材料、厚度及传热系数

热工计算构造层（从外到内）	保温层材料	保温层厚度（mm）	主墙体传热系数 [W/(m²·K)]	外墙平均传热系数 [W/(m²·K)]	
				框架结构	砌体结构
1. 水泥砂浆 15mm 2. 普通混凝土小型空心砌块 200mm [$\lambda=0.75$W/(m·K) $\alpha=1.00$] 3. 水泥砂浆 12mm 4. 复合板	EPS板（033级）	35	0.69	0.86	0.85
		40	0.63	0.78	0.77
		45	0.57	0.71	0.70
		50	0.53	0.66	0.65
		55	0.49	0.61	0.60
	EPS板（037级）	40	0.68	0.85	0.84
		45	0.62	0.78	0.77
		50	0.58	0.72	0.71
		55	0.54	0.67	0.66
		60	0.50	0.62	0.62
	XPS板（030级）	35	0.66	0.83	0.82
		40	0.60	0.75	0.74
		45	0.55	0.69	0.68
		50	0.51	0.63	0.63
	XPS板（034级）	40	0.66	0.82	0.81
		45	0.61	0.75	0.75
		50	0.56	0.70	0.69
		55	0.52	0.65	0.64
		60	0.49	0.60	0.60

A.0.6 用于混凝土多孔砖墙体的复合板保温层材料、厚度及传热系数可按表 A.0.6 确定。

表 A.0.6 用于混凝土多孔砖墙体的复合板保温层材料、厚度及传热系数

热工计算构造层（从外到内）	保温层材料	保温层厚度（mm）	主墙体传热系数 [W/(m²·K)]	外墙平均传热系数 [W/(m²·K)]	
				框架结构	砌体结构
1. 水泥砂浆 15mm 2. 混凝土多孔砖 200mm [$\lambda=0.66$W/(m·K) $\alpha=1.00$] 3 水泥砂浆 12mm 4 复合板	EPS 板（033 级）	35	0.67	0.85	0.83
		40	0.61	0.77	0.76
		45	0.56	0.70	0.69
		50	0.52	0.65	0.64
		55	0.48	0.60	0.60
	EPS 板（037 级）	40	0.66	0.83	0.82
		45	0.61	0.77	0.76
		50	0.57	0.71	0.70
		55	0.53	0.66	0.65
		60	0.50	0.61	0.61
	XPS 板（030 级）	35	0.65	0.82	0.81
		40	0.59	0.74	0.73
		45	0.54	0.68	0.67
		50	0.50	0.62	0.62
	XPS 板（034 级）	40	0.65	0.81	0.80
		45	0.59	0.74	0.73
		50	0.55	0.69	0.68
		55	0.51	0.64	0.63

A.0.7 用于凸窗不透明板的复合板保温层材料、厚度及传热系数可按表 A.0.7 确定。

表 A.0.7 用于凸窗不透明板的复合板保温层材料、厚度及传热系数

构造组成 （从外到内）	保温层材料	保温层厚度 （mm）	凸窗不透明板的传热系数 [$W/(m^2 \cdot K)$]
1. 水泥砂浆 15mm 2. 钢筋混凝土 100mm [$\lambda=1.74W/(m \cdot K)$ $\alpha=1.00$] 3. 复合板	EPS板 （033级）	10	1.95
		15	1.52
		20	1.25
		25	1.06
		30	0.92
	EPS板 （037级）	15	1.64
		20	1.35
		25	1.15
		30	1.00
	XPS板 （030级）	10	1.90
		15	1.48
		20	1.21
		25	1.02
		30	0.88
	XPS板 （034级）	15	1.60
		20	1.32
		25	1.12
		30	0.98

A.0.8 用于钢筋混凝土分户墙、隔墙的复合板保温层材料、厚度及传热系数可按表 A.0.8 确定。

表 A.0.8 用于钢筋混凝土分户墙、隔墙的复合板保温层材料、厚度及传热系数

构造组成	保温层材料	保温层厚度（mm）	隔墙传热系数 [W/(m²·K)]
1. 水泥砂浆 15mm 2. 钢筋混凝土 200mm [$\lambda=1.74$W/(m·K) $\alpha=1.00$] 3. 复合板	EPS 板（033 级）	15	1.28
		20	1.08
		25	0.93
		30	0.82
	EPS 板（037 级）	15	1.36
		20	1.16
		25	1.01
		30	0.89
	XPS 板（030 级）	15	1.24
		20	1.05
		25	0.90
		30	0.79
	XPS 板（034 级）	15	1.33
		20	1.13
		25	0.98
		30	0.87

附录 B 复验、试样与试验方法、型式检验

B.0.1 复合板内保温系统现场抽检复验的样品应为工程现场实际使用的复合板、粘结石膏、水泥基粘结胶浆、嵌缝石膏、锚栓和接缝纸带。

B.0.2 聚苯板和纸面石膏板现场抽检复验项目应符合本标准表 7.2.2 的规定，试样应从复合板样品中制备。

B.0.3 聚苯板试样制备：

1 试样制备时，应采用机械加工方式去除聚苯板单侧的纸面石膏板，试样表面应平整，且不应留有胶水、纸面石膏板等影响试验的其他材料。

2 XPS 板保温材料表观密度和导热系数试验时，应除去试样表面的沟槽。

3 燃烧性能试验时，试样宜为复合板。

B.0.4 试验方法：

1 导热系数按现行国家标准《绝热材料稳态热阻及有关特性的测定　防护热板法》GB/T 10294 或《绝热材料稳态热阻及有关特性的测定　热流计法》GB/T 10295 的规定进行试验，仲裁时按现行国家标准《绝热材料稳态热阻及有关特性的测定　防护热板法》GB/T 10294 进行试验。

2 燃烧性能中单体燃烧按现行国家标准《建筑材料或制品的单体燃烧试验》GB/T 20284 的规定进行试验，试验时受火面为聚苯板。可燃性按现行国家标准《建筑材料可燃性试验方法》GB/T 8626 的规定进行试验，采用表面点火方式，受火面为聚苯板。氧指数按现行国家标准《塑料　用氧指数法测定燃烧行为　第 2 部分：室温试验》GB/T 2406.2 进行试验。

B.0.5 型式检验：

1 复合板内保温系统和组成材料型式检验应包括本标准第4.2节中规定的检验项目，不包括接缝纸带和金属护角纸带。

2 正常生产时，复合板内保温系统型式检验每2年进行1次，系统组成材料每年进行1次。

3 复合板内保温系统组成材料按下列组批：

1）复合板：同一材料、同一工艺每4000m^2为一批，不足4000m^2时也视为一批；

2）粘结石膏、水泥基粘结胶浆、嵌缝石膏：同一材料、同一工艺每50t为一批，不足50t时也视为一批；

3）聚苯板：同一材料、同一工艺、同一规格每500m^3为一批，不足500m^3时也视为一批；

4）纸面石膏板：同一型号、同一规格每2500张为一批，不足2500张时也视为一批；

5）锚栓：同一材料、同一工艺每20000个为一批，不足20000个时也视为一批。

4 型式检验样品应在出厂检验的合格批中抽取，数量应满足本标准第4.2节中检验项目的需要。

5 检验项目符合本标准第4.2节的规定，则判定该批产品合格；若有项目不合格，则判定该批产品不合格。

本标准用词说明

1 为便于在执行本标准条文时区别对待,对要求严格程度不同的用词说明如下:
  1) 表示很严格,非这样做不可的用词:
     正面词采用"必须";
     反面词采用"严禁"。
  2) 表示严格,在正常情况下均应这样做的用词:
     正面词采用"应";
     反面词采用"不应"或"不得"。
  3) 表示允许稍有选择,在条件许可时首先应这样做的用词:
     正面词采用"宜";
     反面词采用"不宜"。
  4) 表示有选择,在一定条件下可以这样做的用词,采用"可"。

2 条文中指明应按其他有关标准执行时的写法为"应符合……的规定"或"应按……执行"。

引用标准名录

1 《民用建筑热工设计规范》GB 50176
2 《建筑工程施工质量验收统一标准》GB 50300
3 《民用建筑工程室内环境污染控制标准》GB 50325
4 《建筑节能工程施工质量验收标准》GB 50411
5 《建设工程施工现场消防安全技术规范》GB 50720
6 《建筑材料放射性核素限量》GB 6566
7 《建筑用墙面涂料中有害物质限量》GB 18582
8 《漆膜、腻子膜干燥时间测定法》GB/T 1728
9 《漆膜耐水性测定法》GB/T 1733
10 《塑料 用氧指数法测定燃烧行为 第2部分:室温试验》GB/T 2406.2
11 《泡沫塑料与橡胶 线性尺寸的测定》GB/T 6342
12 《泡沫塑料与橡胶 表观密度的测定》GB/T 6343
13 《分析实验室用水规格和试验方法》GB/T 6682
14 《数值修约规则与极限数值的表示和判定》GB/T 8170
15 《建筑材料可燃性试验方法》GB/T 8626
16 《硬质泡沫塑料 尺寸稳定性试验方法》GB/T 8811
17 《硬质泡沫塑料 压缩性能的测定》GB/T 8813
18 《涂料用乳液和涂料、塑料用聚合物分散体 白点温度和最低成膜温度的测定》GB/T 9267
19 《乳胶漆耐冻融性的测定》GB/T 9268
20 《纸面石膏板》GB/T 9775
21 《绝热材料稳态热阻及有关特性的测定 防护热板法》GB/T 10294

22 《绝热材料稳态热阻及有关特性的测定 热流计法》GB/T 10295
23 《绝热用模塑聚苯乙烯泡沫塑料(EPS)》GB/T 10801.1
24 《绝热用挤塑聚苯乙烯泡沫塑料(XPS)》GB/T 10801.2
25 《绝热稳态传热性质的测定 标定和防护热箱法》GB/T 13475
26 《人造板及饰面人造板理化性能试验方法》GB/T 17657
27 《建筑材料或制品的单体燃烧试验》GB/T 20284
28 《材料产烟毒性危险分级》GB/T 20285
29 《建筑涂料用乳液》GB/T 20623
30 《抹灰石膏》GB/T 28627
31 《外墙内保温复合板系统》GB/T 30593
32 《外墙外保温工程技术标准》JGJ 144
33 《外墙内保温工程技术规程》JGJ/T 261
34 《合成树脂乳液砂壁状建筑涂料》JG/T 24
35 《建筑外墙用腻子》JG/T 157
36 《外墙内保温板》JG/T 159
37 《建筑室内用腻子》JG/T 298
38 《外墙保温用锚栓》JG/T 366
39 《粘结石膏》JC/T 1025
40 《磷石膏中磷、氟的测定方法》JC/T 2073
41 《嵌缝石膏》JC/T 2075
42 《接缝纸带》JC/T 2076
43 《复合保温石膏板》JC/T 2077
44 《建筑节能工程施工质量验收规程》DGJ 08—113
45 《建筑围护结构节能现场检测技术规程》DG/TJ 08—2038
46 《无机保温砂浆系统应用技术规程》DG/TJ 08—2088

上海市工程建设规范

外墙内保温系统应用技术标准
（纸面石膏板复合聚苯板）

DG/TJ 08—2390—2022
J 16141—2022

条文说明

2022 上海

目 次

1 总 则 …………………………………………………… 51
2 术 语 …………………………………………………… 52
3 基本规定 ………………………………………………… 53
4 系统及系统组成材料 …………………………………… 55
　4.1 一般规定 …………………………………………… 55
　4.2 系统及系统组成材料的性能 ……………………… 56
　4.3 系统组成材料包装、运输、装卸和贮存 …………… 59
5 设 计 …………………………………………………… 60
　5.1 一般规定 …………………………………………… 60
　5.2 构造设计 …………………………………………… 61
　5.3 热工设计 …………………………………………… 62
6 施 工 …………………………………………………… 65
　6.1 一般规定 …………………………………………… 65
　6.2 施工要点 …………………………………………… 66
　6.3 施工安全 …………………………………………… 68
7 质量验收 ………………………………………………… 69
　7.1 一般规定 …………………………………………… 69
　7.2 主控项目 …………………………………………… 69
　7.3 一般项目 …………………………………………… 69
附录 A 复合板内保温系统的保温层选用厚度 ………… 70

Contents

1 General provisions ································· 51
2 Terms ······································· 52
3 Basic requirements ····························· 53
4 System and components ························· 55
   4.1 General requirements ······················· 55
   4.2 System requirements and components requirements ··· 56
   4.3 Requirements of component material package, transportation, loading and storage ·············· 59
5 Design ······································ 60
   5.1 General requirements ······················· 60
   5.2 Design of configuration ····················· 61
   5.3 Thermal design ···························· 62
6 Construction ································· 65
   6.1 General requirements ······················· 65
   6.2 Process and key point of construction ·········· 66
   6.3 Safety of construction ······················ 68
7 Quality acceptance ····························· 69
   7.1 General requirements ······················· 69
   7.2 Primary items ····························· 69
   7.3 General items ····························· 69
Appendix A Thermal performance of internal insulation composite panel system ···················· 70

1 总 则

1.0.1 纸面石膏板复合聚苯板外墙内保温系统因具有施工维护方便、可随室内装修更新而替换,且不用担心保温材料高空坠落伤人等优点而得到较广泛的应用。为确保工程质量,结合上海地方特点,有必要对纸面石膏板复合聚苯板外墙内保温系统的材料组成、性能参数、设计、施工验收和材料检验制定标准。

1.0.2 本条所列举的基层墙体材料是目前建设工程较为普遍使用的砌体材料。采用淤泥烧结砖或政策允许使用烧结多孔砖为基层墙体的工程也可适用。

2 术 语

2.0.1 日本、韩国、法国、英国等国外的建筑外墙内表面通常采用复合保温石膏板替代抹灰层的作法,因其位于建筑外墙的内侧,打开暖气或空调后,无须先加热或冷却建筑物墙体,即可达到使室内空气升温或降温的目的。因此,对于在夏热冬冷地区使用间歇供暖或供冷的建筑物,变温速度快,保温性好。此外,纸面石膏板复合聚苯板内保温系统还可明显提升室内的隔声、吸声的效果。

2.0.2 国家标准《民用建筑工程室内环境污染控制标准》GB 50325—2020 第 4.3.9 条规定:"民用建筑工程中,外墙采用内保温系统时,应选用环保性能好的保温材料,表面应封闭严密,且不应在室内装饰装修工程中采用脲醛树脂泡沫材料作为保温、隔热和吸声材料。"基于国家标准的规定,纸面石膏板复合聚苯板采用 EPS 板或 XPS 板作为保温层材料。

2.0.3 普通纸面石膏与耐水纸面石膏板的区别在于石膏板生产中掺入的外加剂不同。

普通纸面石膏板:以建筑石膏为主要原料,掺入适量外加剂,与水搅拌后,浇注于护面纸的面纸与背纸之间,并与护面纸牢固地粘结在一起的建材产品。

耐水纸面石膏板:以建筑石膏为主要原料,掺入适量纤维增强材料和耐水外加剂等,与水搅拌后,浇注于护面纸的面纸与背纸之间,并与护面纸牢固地粘结在一起,具有一定耐水性能的建筑产品。

3 基本规定

3.0.4 粘结石膏、水泥基粘结胶浆是目前常见的两种粘结材料。两种粘结材料相比，粘结石膏的凝结硬化时间较短，终凝后无需养护，具有快凝、早强、快速固定复合板的优点，可以灵活适应施工现场粘结层空腔大小多变的情况。水泥基粘结胶浆的初凝时间远大于粘结石膏，强度增长需要一定的时间，粘贴复合板时调整平整度比较方便，一般用于粘结层空腔小于10mm时基层情况，粘贴复合板时复合板底部和正面需要临时支撑限位。

3.0.5 石膏基的材料不适用于浴室、卫生间等湿度较大的房间，故浴室、卫生间等潮湿空间不适合采用本标准所称的复合内保温系统，此类空间的外墙可采用其他的内保温系统。

3.0.6 国家标准《建筑设计防火规范》GB 50016—2014（2018年版）中第6.7.2条强制性条文规定了"用火、燃油、燃气等具有火灾危险性的场所以及各类建筑内的疏散楼梯间、避难走道、避难间、避难层等场所或部位，应采用燃烧性能为A级的保温材料"。本标准所称复合板内保温系统的保温层为B_1级材料，且石膏基的材料也不适用于湿度较大的厨房空间。故厨房的外墙应采用保温层为A级材料且能适应较大湿度空间的内保温系统。

3.0.7 复合板内保温系统饰面采用饰面砖时，饰面砖的荷载传递给复合板内保温系统，既要考虑保温系统与基层墙体的粘结，还要考虑饰面砖与石膏板的粘结，增加了复合板保温系统的承受力，而纸面石膏板在干燥状态下的纸张拉伸粘结强度仅能满足0.035MPa，受潮以后拉伸粘结强度还会下降，粘结饰面砖的荷载是难以由纸面承担的。为确内保温系统的安全牢固，复合板内保温系统饰面层不应采用粘贴方式铺贴饰面砖。考虑建筑底层大堂空间或其他公共空间装饰要求，应采用干挂的方式来安装饰面砖。饰面砖应符合现行国家标准《陶瓷砖》GB/T 4100 的规定，安装高度不应大于 5.0m。饰面砖可采用其他方式安装。

3.0.8 外门窗洞口位置是容易受到雨水侵袭、湿度较大的部位，故用于该部位的复合板内保温系统应采用耐水纸面石膏板。

4 系统及系统组成材料

4.1 一般规定

4.1.1 系统供应商是指复合板的生产企业,同时能提供系统所需的其他配套材料,对系统所有材料(包括自产及外购)的质量负责。用于工程的复合板内保温系统材料只能由同一系统供应商提供,不得分散采购。

4.1.2 聚苯板表面需要均匀地涂抹粘结材料,而聚苯板和纸面石膏板的复合需要有重力和若干小时的持续压力才能保证二者粘结牢固,故复合板只有在工厂进行复合才能确保复合板的产品质量。

4.1.3 多块聚苯板拼合在一张复合板上,会使得复合板力学性能下降,施工时易被破坏。保温层采用EPS板时,不允许拼合;考虑XPS板生产线对挤塑板尺寸的制约,故本条规定只有XPS板允许拼合到一张纸面石膏板上,但一张纸面石膏板上最多出现1条XPS板的板缝,不允许超过2块以上的XPS板拼合。

4.1.4 复合板内保温系统所采用的粘结石膏、水泥基粘结胶浆、嵌缝石膏、腻子等材料有严格的配比要求,施工现场人工配制或随意添加材料组分,会严重影响复合板内保温系统与基层墙体的粘结强度,应执行本条规定以确保系统安全和施工质量。

4.1.5 磷石膏的有害物质包括可溶性杂质和不溶性杂质两类。中国环境科学研究院固体所曾对全国17家磷肥企业的磷石膏成分进行分析,结果表明,磷石膏的主要杂质是氟化物和P_2O_5,并且呈较强酸性。由于磷石膏生产β半水石膏的煅烧温度不高,煅烧过程中不能彻底分解磷石膏中的有害物质,因此煅烧前磷石膏需要经过水洗、分级和石灰中和等工艺,而水洗产生的废水无害化处理也较为困难,故磷石膏处理成本较高。如果采用未经无害化处理或处理程度低的磷石膏制备的半水石膏为原料来生产抹灰石膏,在生产和应用过程中,可能会对人体、生物与周围环境造成危害。因此,为了保证居住环境的安全健康,基于国内目前的生产水平考虑,对复合板内保温系统必须使用的纸面石膏板、粘结石膏和嵌缝石膏三种石膏基产品,严禁使用磷石膏。

4.1.6 再生料的使用会对 EPS 板、XPS 板的导热系数、强度、尺寸稳定性等指标产生不利影响。六溴环十二烷简称 HBCD,是一种高溴含量的脂环族添加型阻燃剂。由于其具有高毒性、持久性、生物积累性以及远距离迁移性,2013 年 5 月被联合国《关于持久性有机污染物的斯德哥尔摩公约》要求在全球范围内禁用。2016 年 7 月,中国全国人大批准了《〈关于持久性有机污染物的斯德哥尔摩公约〉新增列六溴环十二烷修正案》,自 2016 年 12 月 26 日起禁止 HBCD 的生产、使用和进出口。由于缺乏合适的替代品,用于建筑物保温材料 XPS 和 EPS 阻燃剂的 HBCD 获得了 5 年豁免期,豁免期已于 2021 年 12 月 25 日终止,自 2021 年 12 月 25 日全面停止使用 HBCD。

4.2 系统及系统组成材料的性能

4.2.1 复合板的系统进行系统拉伸粘结强度试验时,其破坏位置是石膏板的正面或背面纸张在拉力作用下分层破坏,其粘结强度仅≥0.035MPa,编制组经过多次实验室拉拔试验,也验证了拉伸粘结强度都是纸张分层破坏,强度≥0.035MPa。因此,本标准复合板的系统拉伸粘结强度和国家标准《外墙内保温复合板系统》GB/T 30593—2014 的要求相同。

由于外墙内保温面对的气候条件远没有外墙外保温的室外条件苛刻,没有负风压,没有雨、雪等侵蚀,内保温的应用层高一般都在3m以下,且单张的复合板至少有2个锚栓固定,防止正常情况下和火灾时复合板脱落伤人,故内保温系统的安全性能是有保障的。

国家标准《建筑防火设计规范》GB 50016—2014(2018年版)第6.7.2条第2款规定了外墙内保温系统"应采用低烟、低毒且燃烧性能不低于B_1级的保温材料"。该条为强制性条文,必须严格执行。保温材料设置在建筑外墙的室内侧,若采用可燃、难燃保温材料,遇热或燃烧分解产生的烟气和毒性较大,对于人员安全带来较大威胁。因此,本条按照国家标准《外墙内保温复合板系统》GB/T 30593—2014将低烟低毒细化分解为燃烧性能分级和燃烧性能附加分级(产烟量、燃烧滴落物/微粒、产烟毒性)四个具体的指标。

4.2.2 复合板的保温层与石膏板之间的粘结强度≥0.035MPa是依据国家标准《外墙内保温复合板系统》GB/T 30593—2014而提出的,其破坏位置是纸面石膏板的表面纸张在拉力作用下分层破坏。本标准编制过程中,对主编、参编单位的厂家同类产品进行了抽检。由抽检检测数据可知,规定粘结强度≥0.035MPa是可行的。本条提出的标准高于欧洲标准 BS EN13950—2005中第4.12条"保温层与石膏板拉伸粘结强度指标为≥0.017MPa",体现了对产品性能要求的安全性和先进性。

4.2.3 本条对复合板的外观质量提出要求,这是产品质量控制的基本要求,也是施工质量的基本保证。

4.2.4 本条规定了常规标准板材的基本尺寸,板材的公称宽度和长度均符合建筑模数要求,宜选用标准化产品,便于通用产品的工业化生产;复合板的长度尺寸应根据建筑层高选用,以减少室内高度方向的横向拼缝。非标宽度、长度尺寸可由供需双方商定。

4.2.8 纸面石膏板的放射性核素限量应符合现行国家标准《建筑材料放射性核素限量》GB 6566中对建筑主体材料天然放射性的

规定。本标准第4.1.5条要求复合板内保温系统采用的纸面石膏板、粘结石膏和嵌缝石膏严禁使用磷石膏,而脱硫石膏的原矿石中也会含有微量的水溶性磷,本条中用水溶性五氧化二磷P_2O_5的含量来验证纸面石膏板中是否使用了磷石膏。

国家标准《建筑内部装修设计防火规范》GB 50222—2017认为纸面石膏板、矿棉吸声板按我国现行建材防火检测方法检测,大部分不能列入A级材料,因此将纸面石膏板的燃烧性能定为B_1级。但随着技术的进步,纸面石膏板生产工艺和原材料配比的变化,市场上已经有很多厂家生产的纸面石膏板燃烧性可以达到A级。本标准为保障纸面石膏板在室内使用安全,则明确要求纸面石膏板的燃烧级别必须为A级。

4.2.9 粘结石膏具有塑性好、凝固快、强度高的特点,便于施工作业,故常用于复合板与墙体粘结的首选粘结材料。表4.2.9中提出拉伸粘结强度≥0.1MPa是考虑纸面石膏板复合聚苯板外墙内保温系统的安全可靠,此强度要求高于欧洲标准《保温/隔声用复合石膏板—定义、要求、测试方法》EN 13950—2005粘结强度≥0.06MPa。本标准第4.1.5条要求复合板内保温系统采用的纸面石膏板、粘结石膏和嵌缝石膏严禁使用磷石膏,脱硫石膏的原矿石中也能含有微量的水溶性磷,表4.2.9中用水溶性五氧化二磷P_2O_5的含量来验证粘结石膏中是否使用了磷石膏。

4.2.10 单张复合板的自重一般都大于20kg,远重于传统的外墙薄抹灰保温系统中保温层的重量,粘贴复合板时要求粘结材料具有早强、抗滑移的特性。本标准特别提出了48h与水泥砂浆和复合板的拉伸粘结强度指标,对水泥基粘结胶浆的性能指标要高于传统外墙薄抹灰保温系统对水泥基粘结胶浆的性能要求。经多次检测,水泥基粘结胶浆与水泥砂浆粘结48h后可达到0.3MPa以上的拉伸粘结强度,与复合板之间粘结48h后可达到0.05MPa以上的拉伸粘结强度,结合合理的粘结面积和施工临时支撑措施,可满足复合板粘贴要求。

4.2.11 本条依据行业标准《外墙内保温系统技术规程》JGJ/T 261—2011 第 4.2.15 条的规定而提出。内保温系统锚栓的作用与外保温的要求不同,内保温系统用锚栓只是为了保证火灾发生时,复合板能可靠挂在基层墙体上,故只规定了单个锚栓的抗拉承载力。

4.2.12 嵌缝石膏用于复合板之间缝隙填充以及其他需要嵌缝部位,具有绿色环保、不含甲醛和有机化合物、粘结力强、干缩强度低、收缩变形小、和易性好等优点,施工性能优异。本标准第 4.1.5 条要求复合板内保温系统采用的纸面石膏板、粘结石膏和嵌缝石膏严禁使用磷石膏,脱硫石膏的原矿石中也能含有微量的水溶性磷,表 4.2.12 中用水溶性五氧化二磷 P_2O_5 的含量来验证嵌缝石膏中是否使用了磷石膏。

4.2.14 金属护角纸带以木浆纸张为基材,经中心压线、穿孔、两面拉毛处理,上粘 2 条平行的薄型铝合金窄带,埋入嵌缝石膏中,起到阳角护角、增强 2 块石膏板连接强度和防止开裂的作用。

4.3 系统组成材料包装、运输、装卸和贮存

4.3.1 "不可转移的生产日期标识"是指用工业打印机直接打印在板材正面或侧面的图案、文字、数字等单独或几种形式组合在一起的清晰标识。而不是通过直接放置、粘贴、覆盖等方式做纸张、铭牌等轻易可以去除掉的标识。

5 设 计

5.1 一般规定

5.1.1~5.1.2 住宅、宿舍等居住建筑的空调采暖方式是以户、宿舍居室为单位采用分体空调,故其公共楼梯、走道的外墙可不设保温层,但户、宿舍居室与楼梯、走道分隔的墙体和户与户之间的分户墙应设置内保温层,这些内保温的范围及位置应绘制各层内保温平面示意图予以明确,以方便施工,详见图1。

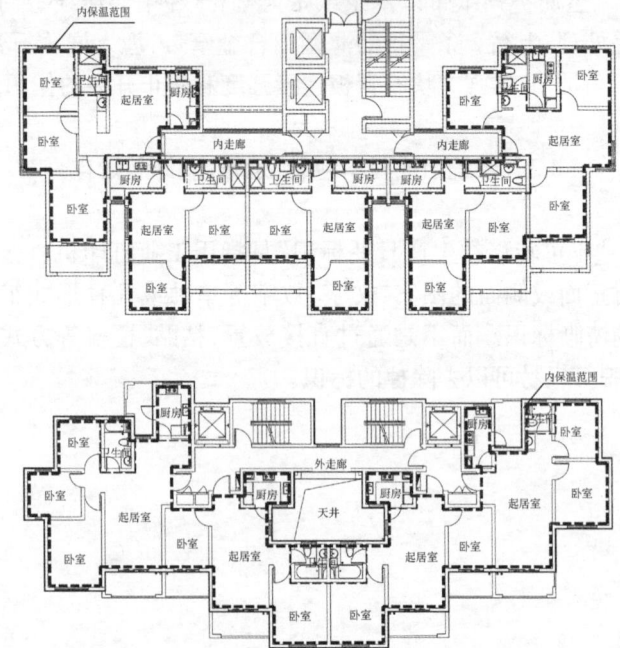

图1 复合板内保温系统设置范围平面示意图

5.1.3 内保温墙面上的设备管道、支架等重物不能直接固定在复合板上,必须在图纸中标明,应有节点详图绘制明确固定方式及密封措施。

5.1.5 纸面石膏板的公称厚度有多种规格,但用于保温复合板的纸面石膏板的厚度不得小于12.0mm。

5.1.6 复合板内保温系统属于柔性系统。根据"逐层渐变柔性释放应力"的抗裂技术原则:保温隔热体系各相邻构造层性能、弹性模量变化指标相匹配、逐层渐变,以便释放保温板抵御温度变化所产生的变形应力,配合接缝处理系统,可以最大限度地减少保温层表面裂缝的产生。复合板表面应选用柔性腻子,以防腻子层开裂。复合板腻子层厚度不得超过4mm,超过该厚度时须采用特设的防开裂措施。比如在靠近腻子层表面满加一层80g玻纤网。否则,会大大增加复合板内保温系统表面腻子层开裂的风险。

本条规定要求设计人员在施工图设计说明的工程做法和节点详图的构造材料表述中,必须注明柔性腻子。

5.2 构造设计

5.2.1 本条依据行业标准《外墙内保温工程技术规程》JGJ/T 261—2011的规定给出了找平层、粘结层、保温层、抹面层和饰面层等系统的基本构造,条文和图示中的保温层即复合板,包含了保温材料和纸面石膏板。保温系统构造组成的各层材料应符合本标准第3章的规定。

5.2.2 基层墙体的界面剂处理是为了确保基层墙体面层与保温板的有效粘结。随着建筑材料发展的更新换代以及预拌砂浆的推广,如今界面剂已经取代了刷素水泥浆一道或水泥砂浆掺建筑胶水的落后做法。粘结复合板,必须采用界面剂处理。

5.2.3 钢筋混凝土墙面由于其平整度较好,且室内墙面面积较小,可不设找平层,若局部有不平整也可通过粘结层加以调整。但砖、砌块等砌体基层墙面应设找平层,以保证墙面的平整。

5.2.4 接缝纸带、金属护角纸带是复合板内保温系统的重要配件,通过纸带的盖缝处理以加强板缝的连接,便于饰面层操作,有效避免饰面层裂缝。墙体阴角、阳角等转角部位是容易引起开裂的部位,用纸带盖缝处理更为重要,尤其是阳角部位,日常使用时容易损坏,经济造价允许时最好采用金属护角纸带。

5.2.5 本标准第 3.0.5 和第 3.0.6 条规定,厨房和卫生间等空间的外墙不可采用复合板内保温系统,本条再次明确了厨房和卫生间内保温系统的材料要求。厨房和卫生间等空间的外墙内保温可采用泡沫玻璃、无机水泥砂浆等不燃且具有防水防潮性能的材料为保温层,采用无机保温砂浆应符合本标准第 5.2.6 条的规定。

5.2.6 厨房、卫生间外墙内保温可以采用水泥基无机保温砂浆,但由于无机保温砂浆材料不能太厚,考虑这类房间通常不是空调和供暖的主要房间,故允许在其外墙内侧设置满足防火、防水、防潮且可以粘贴面砖的无机保温砂浆作为保温层,以 20mm 厚为宜。为弥补相邻房间的保温、隔热性能,则需在与相邻房间的隔墙上再设置保温层;当隔墙上采用复合板内保温系统时,基于防火、防水防潮的要求,不应将其设在厨房、卫生间一侧的墙面上。厨房、卫生间与相邻房间隔墙的保温层设置应在内保温设置范围平面示意图中标明。

5.3 热工设计

5.3.1 为了避免复合板组成材料的热工性能差异给热工计算带来不便,本条规定复合板的热工性能只计入保温层材料,忽略石膏板热工性能不计。EPS 板和 XPS 板的性能参数是不同的,国家标准《民用建筑热工设计规范》GB 50176—2016 给出了 EPS 板和 XPS 板用于夏热冬冷地区的建筑室内时,其导热系数的修正系数分别为1.00和1.05。考虑保温材料与纸面石膏板复合后以及安装板缝等因素的影响,本标准中导热系数的修正系数分别作了调整。XPS板在与纸面石膏板复合中,为了释放其表面应力,减小材料的变形,需在两面开槽,开槽后的XPS板局部厚度的变化可能会导致其热工性能的降低,通过验算,相同厚度条件下,开槽的XPS板比不开槽XPS板的传热系数高出(0.005～0.013)W/(m²·K),故XPS板的修正系数适当的考虑了开槽影响。

5.3.2 采用复合板内保温系统的热工计算计入3～4层构造层,当外墙设计为混凝土剪力墙时,由于混凝土墙面较为平整不需要找平层,热工计算时不计入找平层,而外墙设计为砌体墙时,需要墙面平整便于粘贴复合板,墙面构造层应包含找平层,热工计算可计入找平层的热工性能,找平层的材料及厚度按本标准第5.2.3条执行。

5.3.3 复合板保温层厚度即EPS板或XPS板的厚度,应依据本标准第5.3.1条的规定计算得出,并应根据建筑类型分别满足现行上海市工程建设规范《居住建筑节能设计标准》DGJ 08—205、《公共建筑节能设计标准》DGJ 08—107中对外墙传热系数限值要求。当计算得出保温层厚度不足30mm时,也需按照最小厚度30mm设置。本标准附录A提供了外墙、室内隔墙、凸窗不透明板等围护结构部位保温层厚度及相应传热系数的选用表,可为设计人员和审查人员提供方便。

5.3.4 外门窗洞口侧边需采取保温措施,避免结露和冷热桥,若采用复合板,则其保温层的最小应用厚度不应小于10mm。

5.3.5 厨房、卫生间与相邻居室房间的隔墙是建筑物内墙,不直接接触室外空气层,且厨房、卫生间的外墙已设有基本内保温层,故隔墙采用的无机保温砂浆或复合板的厚度,居住建筑按照分户墙的传热系数限值确定,公共建筑按照供暖空调房间与非供暖空调房间的隔墙传热系数限值确定。

5.3.6 国家标准《民用建筑热工设计规范》GB 50176—2016

第7.2.3条规定:"当围护结构内表面温度低于空气露点温度时,应采取保温措施,并应复核围护结构内表面温度"。在围护结构自身热阻作用下,当冬季室外计算温度t_e低于0.9℃时,围护结构内表面温度才有可能低于室内空气露点温度,产生表面结露,因此为了简化外墙内保温设计和结露计算,需根据建筑的工况和所处位置,验算热桥结露现象出现与否,从而确定热桥是否需要采取保温措施。《民用建筑热工设计规范》GB 50176—2016附录A中表A.0.1全国主要城镇热工设计区属及建筑热工设计用室外期限参数明确了上海市为3A气候区属,最冷平均温度4.9℃,采暖度日数HDD18为1540(C·d),采暖室外计算温度为0.5℃,计算采暖天数Z为25d,计算采暖期室外平均温度4.4℃,计算采暖期室外平均相对湿度73%。采用复合板内保温系统必须进行露点温度计算。

5.3.8 附加保温层的设计应进行复核验算,确保采取的保温措施可以避免室内墙体表面不会结露,采取附加保温措施时,需绘制节点详图,隔墙两侧均需设置附加保温层的延伸段,宜与隔墙内表面的抹灰层接平以满足室内美观的要求,不同材料接缝之处,应贴覆接缝纸带,接缝纸带每侧宽度不小于50mm;楼板下部不强求设置延伸段,设有保温层的楼板,其保温层可以作为附加保温措施,不需要重复设置,未设保温层的楼板,应在楼板面设置不小于300mm延伸长度的附加保温层。

6 施 工

6.1 一般规定

6.1.1 经施工图审查机构审查通过建筑施工图设计文件是编制专项施工方案的主要依据，聚苯板存在火灾隐患，施工方案必须严格执行施工现场的消防安全技术规程。复合板材料及热工性能不得随意变更，确需变更，变更设计文件应重新送审。施工方应有针对性地编制专项施工方案并形成书面文件。

6.1.2 复合板内保温系统的工程质量是通过合格的产品、严格的施工工艺、规范的操作流程得以保证的。复合板内保温系统施工前，应对施工人员进行技术要点讲解和规范操作培训，供应商派出专业人员给施工单位提供技术服务，有助于做好质量控制。

6.1.3 主体结构已施工完毕且墙体基层质量验收合格，外门窗框已安装完毕，水暖及装饰工程需要的管线、管件、挂件等预埋件，应留出位置或预埋完毕。电气工程的暗管线、接线盒等应埋设完毕，并应完成暗管线的穿带线工作。这些是进入内保温系统施工的必须条件。

6.1.4 复合板内保温系统的产品合格及检验报告关系工程质量和建筑外墙的保温性能。本条规定所用材料需提供产品出厂合格证和型式检验报告等质量证明文件作为复合板进场验收的必要条件，同时要求按照有关规定进行见证抽样复验，复检的技术指标应符合相关标准规定，只有具备这些的条件后才可以开工，以确保保温工程质量。材料进场提供的质量证明文件和现场抽样规定按照现行上海市工程建设规范《建筑节能工程施工质量验收规程》DGJ 08—113 执行。

6.1.5 施工样板不仅可以直观地看到和评判工程质量与工艺状况,还可以对材料、做法、效果等进行检验和施工工艺调整,并可以作为验收的参照实物标准。大面积施工前,先展示材料、构造做法和工艺样板,便于后期规范管理。

6.1.6 本条提出施工期间的温度要求,是为了确保施工质量和工程安全。施工期间室内空气温度低于5℃时,粘结石膏、水泥基粘结胶浆等粘结材料的性能会下降,在高温、多风、空气干燥的季节,粘结石膏、水泥基粘结胶浆的表面可能会快速失水结皮,粘结性能下降,严重影响复合板内保温系统工程质量,造成工程隐患。

6.2 施工要点

6.2.2 复合板施工是干作业,故要求安装现场要保持干燥、清洁,地面不应有积水,应对现场进行清洁,清除积灰油污及杂物,防止复合板污染。安装位置上的地面或天棚有残留的水泥必须铲除,以免影响到板缝隙的拼接不严,在安装复合板前应将地面不平整予以修复。清洁基墙面上的浮灰、浮浆或去除空鼓、脱落的粉刷,是为了有效发挥粘结材料粘结作用;要求基层墙面尤其是混凝土墙体、加气混凝土砌体墙等,应涂刷界面剂,是为了确保粘结材料的粘结效果。

6.2.3 通过控制粘结层厚度以调整垂直度和平整度。

6.2.4 根据实测墙面得到复合板的实际安装尺寸,根据设计所选板型,以及门窗洞口、线路接线盒、其他需开洞的洞口尺寸和位置,进行墙面排板。排板应按设计和本标准要求算准尺寸,精心施工,严禁安装好后再次进行开洞打眼,损害系统功能。根据《British white book》,结合国内大量工程案例实践,复合板内保温系统受力主体是结构墙体,为了保证复合板内保温系统在窗边不开裂,排板时应从门窗竖向侧边断开,洞口周边不应采用L形复合板。

6.2.5 因材料的特性要求,粘结材料与嵌缝材料必须在规定时间内用完,否则拌置好的粘结材料与嵌缝材料将凝固而无法使用;水粉比应按产品说明书严格控制。

6.2.6 复合板内保温系统施工时采用点框法固定方式,以粘结为主,锚栓只是为了火灾发生时保证复合板能可靠挂在基层墙体上而不脱落,并非系统主要固定构件。粘结材料应在垂直线上均匀有间隔的布点。

由于水泥基粘结胶浆的初始粘结强度不如粘结石膏,为保证复合板与基层墙体的粘结安全,本标准规定采用水泥基粘结胶浆时的粘结面积要求高于采用粘结石膏时的粘结面积。

当采用粘结石膏时,垂直线间距不得小于40mm,控制粘结点的大小,粘结面积应不小于复合板面积的30%;采用水泥基粘结胶浆时,垂直线间距不得小于30mm,控制粘结点的大小,粘结面积应不小于复合板面积的40%。

当复合板的保温材料为XPS板时,由于XPS板表面比较光滑,粘结效果有限,因此规定粘结面积应不小于复合板面积的40%。

6.2.8 在采用粘结石膏粘贴复合板后,通风有利于缩短粘结石膏的终凝时间。但需在整个房间墙面复合板都完成粘贴后,才可开窗通风,安装过程中不宜通风,以避免粘结石膏快速失水结皮,粘结性能下降,严重影响复合板内保温系统工程质量。

6.2.9 使用水泥基粘结胶浆粘贴复合板时,复合板的自身重量和粘贴于墙面后未达到设计强度时会形成向外的张力,易造成复合板与基层墙体粘结不牢固,应在复合板面层部位设置临时支撑,使水泥基粘结胶浆同基层墙面和复合板紧密贴合。

设置临时支撑时,应首先在复合板与地面空隙处用硬质木条顶住防止复合板下坠;复合板粘贴后,在保护复合板外侧石膏板面不损坏的前提下,用木方采用斜撑方式顶在复合板面,并在木方与复合板之间垫长条形木板条使之顶靠牢固,直至粘结强度达到可安装锚栓时方可拆除。

6.2.10 检查复合板与墙体基层粘结状态,可通过按压方式。此时粘结石膏或水泥基粘结胶浆已终凝,按压复合板发现松动,表明复合板同基层未实现有效粘结,仅以增加锚栓加固的方法无法满足本系统的稳定性,因此发现复合板松动应返工,重新粘贴安装复合板。

6.2.11 为了保障复合板在火灾状态不脱落,应对锚栓安装的数量、位置、基层内有效深度和时间作出相关规定(图2)。

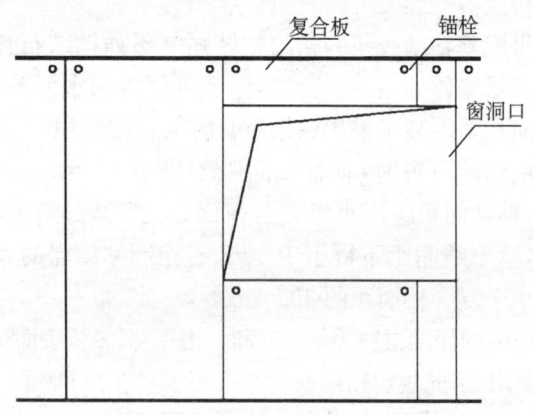

图2 复合板内保温系统锚栓设置示意图

6.2.12 接缝处理完后,应保证墙面整体平整,阴阳角、孔洞顺直。

6.3 施工安全

6.3.1,6.3.2 保温工程施工现场防火管理不严,导致火灾时有发生。为确保防火安全,本条对施工现场的防火措施作出规定。复合板的保温材料燃烧性能为 B_1 级聚苯板,场地堆放要求借鉴了现行上海市工程建设规范《民用建筑外保温材料防火技术规程》DGJ 08—2164 的有关规定。

6.3.3 复合板内保温系统在施工过程中,应采取可靠的安全防护措施,避免造成安全隐患。

7 质量验收

7.1 一般规定

7.1.1 本条依据现行国家标准《建筑工程施工质量验收统一标准》GB 50300 和现行上海市工程建设规范《建筑节能工程施工质量验收规程》DGJ 08—113 的相关规定提出验收要求。

7.1.5 竣工验收时,复合板内保温专项施工单位应提供本条要求的文字、图纸及图像资料,所有验收资料应纳入竣工技术档案。

7.2 主控项目

7.2.1~7.2.5 明确了复合板及组成材料的品种、规格型号、性能指标和相应的检测报告以及检查方法和检查数量,所列主控项目为复合板外墙内保温系统建筑节能工程验收的关键项目,应将进场材料质量、施工过程检查质量控制和强化施工验收结合起来,应及时收集检查所形成的验收资料,并整理归档。

7.3 一般项目

7.3.1~7.3.6 明确了材料进场包装、外观尺寸和节点处理等的检查方法和检查数量,并应及时将验收资料收集、整理并归档。

附录 A 复合板内保温系统的保温层选用厚度

A.0.1～A.0.6 本附录提供了复合板内保温系统的保温层厚度与常用墙体材料对应的传热系数,采用复合板内保温系统的工程中可直接引用。上海市常用的墙体材料为钢筋混凝土、蒸压加气混凝土、混凝土多孔砖、普通混凝土小型空心砌块,表中外墙的平均传热系数按照剪力墙结构、框架结构、砌体结构等不同结构类型,依据《全国民用建筑工程设计技术措施——节能专篇(建筑)》中的主墙体和结构性热桥的比例计算得出,表中外墙平均传热系数为已考虑外墙结构性热桥的平均传热系数。设计选用时,应按照项目的墙体类型和工程类型,依据居住建筑、公共建筑的节能设计标准规定的墙体传热系数限值选用,应注意建筑节能设计标准对墙体传热系数规定限值的更新。

保温层的厚度与主墙体材料有关,本附录中所列保温层厚度以满足上海市现行节能设计标准对外墙热工性能的规定限值为准,不满足外墙热工性能规定限值的保温层厚度不予考虑,故钢筋混凝土主墙体的保温层厚度不应小于 40mm,加气混凝土主墙体的保温层厚度不应小于 30mm,普通混凝土小型空心砌块或混凝土多孔砖主墙体的保温层厚度不应小于 35mm。保温层厚度因 XPS 板、EPS 板的性能不同还会有 5mm～10mm 的差异。